射表技术研究与探索

闫雪梅　李建中　苟上会　著

西北工业大学出版社

西　安

【内容简介】 本书以减少试验用弹量为基点,从统计理论和外弹道理论两个层面对射表编拟技术进行了研究与探索。主要内容包括:充分利用验前信息的贝叶斯射表技术,基于蒙特卡罗模拟技术的弹道模拟试验射表技术,依据外弹道特性的小口径高(海)炮射表编拟技术,充分分析同族武器外弹道共性的同族装甲武器射表编拟技术,适应现代战争需要而具有快速、准确解算功能的电子射表技术,等等。

本书内容均来源于射表编拟实践,可供射表工作者参考使用。

图书在版编目(CIP)数据

射表技术研究与探索 / 闫雪梅,李建中,苟上会著
. —西安:西北工业大学出版社,2021.12
ISBN 978 - 7 - 5612 - 8058 - 4

Ⅰ.①射… Ⅱ.①闫… ②李… ③苟… Ⅲ.①射表-技术 Ⅳ.①TJ012.3

中国版本图书馆 CIP 数据核字(2021)第 270982 号

SHEBIAO JISHU YANJIU YU TANSUO
射 表 技 术 研 究 与 探 索

责任编辑:付高明		策划编辑:付高明
责任校对:王　静		装帧设计:李　飞
出版发行:西北工业大学出版社		
通信地址:西安市友谊西路 127 号		邮编:710072
电　　话:(029)88493844　88491757		
网　　址:www.nwpup.com		
印　刷　者:西安五星印刷有限公司		
开　　本:710 mm×1000 mm		1/16
印　　张:12.625		
字　　数:247 千字		
版　　次:2021 年 12 月第 1 版		2021 年 12 月第 1 次印刷
定　　价:80.00 元		

前　言

射表是火炮(箭)实施有效射击所需射角与射程以及其他各种弹道诸元对应关系的综合性表册,是炮兵准备射击诸元、设计瞄准具、设计射击指挥作业器材和设计射击诸元计算器的重要依据,也是炮兵武器论证设计必不可少的重要参考资料。编制射表是常规兵器试验场的主要任务之一,为了编制高精度射表,我国的射表工作者经过了几十年的艰辛探索,形成了一套系统、完整的理论体系。

近年来,随着高新技术武器的发展,武器系统造价越来越昂贵,对于射击用弹量的要求也越来越高,人们希望以最小的射弹量编制出高精度的射表,因此小样本射表技术的研究成了摆在射表工作者面前的主要任务之一。本书重点介绍近几年来靶场射表工作者在小样本射表方面的研究成果。其中贝叶斯(Bayes)射表技术充分利用射表编拟之前的定型试验、临时射表试验数据等信息,实现先验信息和试验信息的融合处理,从而达到减少试验样本量的目的;基于统计试验法的射表技术是运用理论力学、随机过程理论和弹道学理论,将整个射击过程看作随机过程,实现计算机模拟弹道的方法;小口径高(海)炮射表编拟技术针对小口径高(海)炮弹丸飞行时间短,不同射角的弹道在有效射距离内呈直线型,阻力系数不随射角变化的特点,改进了对空弹道网试验,从而达到节省用弹量的目的;同族装甲武器是指装备有相同口径火炮,能够发射相同弹丸的装甲武器,该类武器发射弹丸阻力系数无显著差异,药温修正系数基本一致,其跳角对甲弹符合系数没有影响,对榴弹符合系数影响较大,针对这一特点,在射表试验中重新设置了试验方案,节约了弹药和人力物力消耗;电子射表技术顺应现代战场对精确打击和快速反应能力的要求,将射表模型、模型中的参数、射击条件等有关信息装入微处理器,应用软件自动、快速、准确求解射击装订诸元的装置。

本书共分9章,第1~4,6章由闫雪梅撰写,第7章由苟上会、闫雪梅撰写,第 8 章由苟上会撰写,第 9 章由闫雪梅、李建中撰写,第 5 章由刘艳红、何斌撰写,全书由闫雪梅统稿并审校。在撰写本书的过程中,笔者参考了大量文献,同时也得到了单位各级领导给予的大力支持与帮助,在此一并表示衷心感谢!

由于水平有限,书中难免存在不妥之处,恳请广大读者批评指正。

著　者

2021 年 7 月

目　　录

第1章 绪 论

　　射表是火炮(箭)实施有效射击所需射角与射程以及其他各种弹道诸元对应关系的综合性表册,是炮兵准备射击诸元、设计瞄准具、设计射击指挥作业器材和设计射击诸元计算器的重要依据,又是炮兵武器论证设计必不可少的重要参考资料。关于射表的历史可以追溯到西汉甚至更早,在中国西汉时期的弩上装有带刻度的瞄准器具——望山。最早的射表是用纯试验法的方法编制的。1638年,意大利物理学家伽利略提出了弹丸在只考虑重力作用下运动的抛物线理论,以此为基础,首次编制了不计空气阻力的射表。1764年,F.格雷文尼兹采用法国数学家L.欧拉解法编制的第一个考虑空气阻力的射表出版。随着武器的发展,一些炮兵学者研究了修正诸元及其方法。第一次世界大战促进了射表编制方法的发展,战后出现了含有修正栏的地炮射表。防空武器对空射表的编制方法也逐渐得到了发展和完善。编制一部大型的完整射表需要的时间较长,随着战术、技术的发展,对射表准确性的要求也越来越高。科学技术的发展为编制射表提供了新的弹道测试手段;电子计算机的应用为射表计算提供了有力工具;弹道学、空气动力学、应用数学等有关学科的发展为射表技术发展提供了新的理论依据,在此基础上,编制射表的新方法随即出现。随着光电技术的进一步发展,为适应战场快速反应的需要,新型瞄准具、指挥仪以及火控计算机等已陆续投入使用,使控制武器自动实现射击的火力控制系统日趋完善,因而直接以射表为依据进行射击的机会日趋减少,但射表仍是火力控制系统设计的基础。

　　我国的射表编拟技术经历了三个阶段。第一阶段是20世纪70年代对引进的苏联射表技术进行研究和改进,纠正和清理了一系列理论上的混乱问题和错误问题:射表检查的3个评定标准问题、射表的质量控制问题、地面炮与火箭炮射表技术资料中异常值剔除准则问题、弹道系数"波动大无规律可循"问题、射程对比试验结果评定问题、密集度对比试验结果评定问题、密集度分组试验问题、变异系数的评定问题、射表精度问题、符合系数曲线的制作问题、显著性检验的应用问题等20多个。其中首要且最重要的是弹丸运动所受到的阻力问题。弹形不同,受到的阻力不同,引进的射表技术是采用苏联标准的"43年阻力定律""西亚切阻力定律"编拟射表。该标准定律是依据苏联20世纪30年代的旧式弹丸做试验确定的,试验后的阻力系数曲线在一个很宽的范围内散布着,形成宽度很大的带状,而不是一条散布小的曲线,因此所谓"标准定律"其实并不标准。这是造成编拟射表所产生的精度低、耗弹多、周期长的主要原因,因此要抛弃这些"标准定律"而采用弹丸自身阻力系数。第二阶段是 20 世纪 80 年代开展了"多普勒雷达在射表试验中的应用"研究:建立了阻力系数的辨识模型,成功研制了阻力系数提取软件;建立了处理阻力系数曲线的稳健回归方法;建立了处理阻力系数曲线的三次 B 样条回归方法;建立了求阻力系数均值函数的稳健统计方法及阻力系数曲线的条件外推法;建立了计算滚转阻尼力矩系数的计算方法;建立了敏感性分析技术及测阻力系数的试验技术。这些研究结果为建立我国的射表技术奠定了坚实的理论基础,在此基础上建立了一套基于质点模型的射表编拟新方法,提高了射表精度,节省了编拟射表的弹药消耗,缩短了射表编拟周期。雷达在射表技术中的成功应用,被认为是"射表技术发展史上一个划时代的变化",1989 年这一新方法在古城西安正式宣告诞生,从此结束了沿用国外落后射表技术长达 30 多年的历史。第三阶段是 20 世纪 90 年代建成我国射表技术理论体系:成功研制了实弹自由飞纸靶试验技术,为改变质点弹道模型创造了条件;研究了应用 4D 弹道模型的射表编拟方法,改进了北约组织的 4D 模型,验证了应用改进的 4D 模型编拟射表的精度及多射角试验的必要性。几十年来,形成了一套射表编拟技术体系指导工程技术人员完成了大量的射表编拟工作,为我国国防建设作出了重大贡献。

随着高新技术武器的发展,武器系统造价越来越昂贵,对于射击用弹量的要求也越来越高,因此小样本射表技术的研究引起了射表工作者的高度关注并开展了相应的研究工作。本书重点介绍贝叶斯射表技术、基于统计试验的射表技术和电子射表技术等 3 种小样本射表技术。贝叶斯射表技术充分利用射表编拟之前的定型试验、临时射表试验数据等信息,实现验前信息和试验信息的融合处理,从而达到减少试验样本量的目的;统计试验法射表技术是运用理论力学、随机理论和弹道学理论,将整个射击过程看作是随机过程,实现计算机模拟弹道的方法;电子射表技术顺应现代战场对精确打击和快速反应能力的要求,将射表模型、模型中的参数、射击条件等有关信息装入微处理器,应用软件自动、快速、准确地求解射击装订诸元的装置。

第 2 章 射表技术概述

2.1 引 言

为了准确命中目标和获得有效的炮兵火力系统,必须向炮兵部队提供给定武器系统的弹道诸元、射击偏差修正量诸元,射弹散布诸元及指挥射击所需要的其他技术数据,射表就是这四部分组成的软件系统。射表也是设计瞄准具、指挥仪或火控计算机软件的依据,没有射表就不可能有这些设备及软件的良好设计。射表还是国防科研与国防教学极为有用的技术参考资料,可为科研、教学等研究提供基础数据。射表编拟是一个非常复杂的过程,它涉及弹道学、空气动力学、参数辩识学、应用数学和计算机应用等多种学科,而统计学在其中占有很重要的地位。为了使读者阅读方便,在介绍几种小样本射表技术之前,对射表编拟的基本术语和有关内容作简要介绍。

2.2 基本术语

2.2.1 弹道特征点

弹道是在弹丸脱离炮口飞到弹着点或落点的过程中,质心所经过的路线。在射表编制和弹道学的研究中,弹道上的一些特征点有着特别重要的意义,这些特征点是:

(1)起点,即弹丸脱离炮口瞬间质心所在的位置,常取炮口"十"字线中心位置作为起点。

(2)顶点,即全弹道中最高的一点。

(3)升弧,即弹丸离开起点后处于上升状态的弹道。

(4)降弧,即弹丸处于下降状态的弹道。

(5)落点,即在降弧段上位于同起点具有相同高度的一点。

2.2.2 弹道诸元

弹道诸元是指弹丸在飞行时各个时刻所对应的质心坐标、速度、倾角(速度向量与水平面之夹角)等。

1.起点诸元(见图 2.1)

(1)初速,即弹丸在起点处的速度。

(2)炮口水平面,即通过起点的水平面。

(3)射线,即通过初速向量的方向线。

(4)仰线,即弹丸射出前的炮身轴线。

(5)射面,即通过仰线的铅直面。

(6)仰角,即仰线与水平面之夹角。

(7)射角,即射线与水平面之夹角。

(8)炮目高低角,即起点和目标之连线与炮口水平面之夹角。

(9)跳角,即仰线与射线之夹角。

(10)瞄准角(高角),即仰角与炮目高低角之差。

(11)弹道倾角,即飞行速度向量与发射水平面之间的夹角。

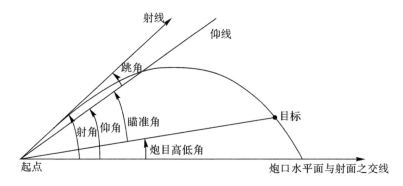

图 2.1　起点诸元

2.落点诸元(见图 2.2)

(1)落速,即弹丸到达落点时的速度。

(2)落点弹道切线,即通过落点的弹道切线。

(3)落角,即落点弹道切线与炮口水平面之夹角。

(4)射程(射距离),即落点和起点之间的距离。

(5)横偏,即落点到射面的距离。

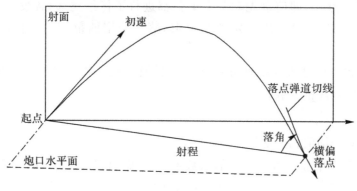

图 2.2　落点诸元

3. 顶点诸元

最大弹道高,即弹道顶点到炮口水平面的高度。

2.2.3　空气弹道

弹丸在空气中运动的弹道称为空气弹道,其特点是:

(1)升弧段长度大于降弧段长度,降弧段比升弧段弯曲;

(2)最大弹道高不在全弹道中央,而靠近落点一侧;

(3)落速小于初速,落角大于射角;

(4)全弹道的最小速度点并不在弹道的最高点,而在降弧的某一点上;

(5)最大射程角并不都是 45°,如对于初速较大的现代弹丸远程火炮最大射程角一般大于 45°,甚至达到 50°左右。

空气弹道相当复杂,其复杂性主要是由于弹轴与速度向量(弹道切线)间存在着一个随时间变化的夹角(攻角)引起的。由于这个攻角的存在,出现了形式复杂的空气动力力系和力矩系,此时弹丸的运动不再是简单的质点运动,而是复杂的空间刚体运动,除了质心运动外,弹轴还将围绕质心作角运动。当攻角很小时,弹丸围绕质心角运动对质心弹道的影响是比较小的,但当攻角较大时,其影响就非常明显,严重时将使弹丸偏离正常弹道,甚至出现近弹或翻筋斗等不稳定现象。在设计弹丸时为了解决上述问题,一般采取在弹丸尾部安置尾翼或借助火炮膛线和弹带使弹丸出炮口后高速旋转等办法。

2.2.4　射弹散布

用同一门火炮在相同的诸元和射击条件下发射同一批弹丸,这些射弹将不会落在同一点上,即使事先对各发炮弹都进行了仔细挑选,各发弹的弹道也不会重叠在一起,而是形成一定的弹道束,落在一定的范围内,这种现象叫射弹散布。

大量射击试验结果的统计分析证明射弹散布服从正态分布。假定 X 表示射距离,则 X 服从正态分布,即

$$X \sim N(\mu, \sigma^2) \tag{2.1}$$

式中:μ 是 X 的均值;σ^2 是其方差;σ 称为标准差。

通常在射表中表示散布特性的参数不用 σ,而用 B,B 与 σ 的关系为

$$B = 0.674\,5\sigma \tag{2.2}$$

称 B 为公算偏差(见图 2.3),在分布中心两侧各 4 个公算偏差(E)的范围内,落弹概率几乎为 100%,即几乎包含了所有射弹数。

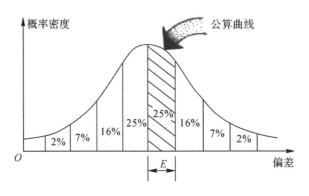

图 2.3　公算偏差

2.3　射表编拟基本原理

射表编拟的基本原理是理论与试验相结合,以试验为主。

外弹道理论给出了描述弹丸运动规律的弹道数学模型。但是所有不同形式的模型都是在一定假设条件下推导出来的,都不同程度地与实际存在差别。例如,六自由度刚体弹道模型是建立在力学中刚体运动的基础上的。实际上,弹丸通过在炮膛内运动与在大气中运动,已存在不同程度的变形,称为"弹性效应";除弹性效应外,各种模型都涉及许多空气动力参数和弹体参数,这些参数都难以做到非常准确;弹丸脱离炮口时,由于火炮震动等原因,存在着一个所谓"起始扰动"问题,要较准确测定这些起始扰动较为困难;弹丸在运动中不可避免地存

在许多随机因素的干扰,这些干扰因素很难用理论来描述。正是这诸多原因使得用理论模型计算出来的弹道和实际弹道有较大差别,因此必须通过试验结果对理论弹道进行修正,从而使修正后的理论弹道与实际弹道相一致,这一过程称为符合计算,修正因子称为符合系数。由于火炮要在允许的各种仰角下进行射击,而不同仰角的符合系数又是随仰角而变化的,所以,在射表编拟中,要进行较多射角的射击试验,即使是同一射角,由于试验误差的存在,也要进行较多发数或组数的试验。

2.4　炮兵标准射击条件

射表编拟时,必须规定具有某种代表性的射击条件——标准射击条件。因为影响弹道的因素很多,其中有火炮、弹药、气象等各方面的因素。炮兵在射击时,这些因素又是变化着的,不可能对每一种实际射击条件都编制射表,在规定了标准射击条件后,当实际射击条件与标准射击条件不一致时,对这些偏差造成的影响予以修正。

我国炮兵标准射击条件包括以下几个部分。

1. 标准气象条件

(1)大气温度。在计算弹道时,考虑到空气湿度,引进了虚拟温度,地面标准虚温为 288.9K,标准温度(虚温)随高度 y 的变化与实际温度 τ 的关系如图 2.4 所示,当 $y \leqslant 9\ 300\text{m}$ 时,有

$$\tau = \tau_{0b} - Gy$$

这一层称为对流层,对流层顶高度为 9 300m。

当 $9\ 300\text{m} < y \leqslant 12\ 000\text{m}$ 时,有

$$\tau = A - B(y - 9\ 300) + C(y - 9\ 300)^2$$

这一层称为亚同温层。

当 $12\ 000\text{m} < y \leqslant 30\ 000\text{m}$ 时,有

$$\tau = 221.5\text{K}$$

这一层称为同温层。

其中 $G = 6.238 \times 10^{-3}\text{K/m}, A = 230.0\text{K}, B = G, C = 1.172 \times 10^{-6}\text{K/m}^2$。

当 $y > 30\ 000\text{m}$ 时,标准大气温度随高度的关系如图 2.5 所示。

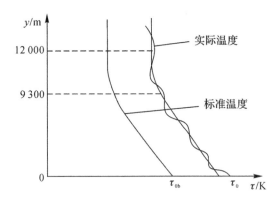

图 2.4　标准温度与实际温度的关系

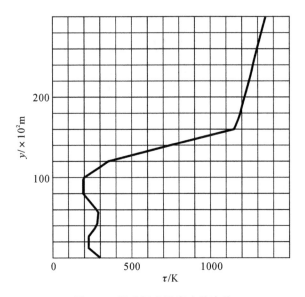

图 2.5　标准温度随高度的变化

（2）大气压力。地面标准大气压力为 760mmHg（1.01325×10^5 Pa），空气密度的地面标准值为 1.206kg/m³，气压随高度的变化服从关系式（2.3），图 2.6 给出了标准大气的密度、压力与高度的关系。

$$h = h_{0b}\, e^{-\frac{1}{R_1}\int_0^y \frac{1}{\tau(y)}\mathrm{d}y} \tag{2.3}$$

式中：h_{0b} 为地面标准气压；R_1 为气体常数，$R_1 = 29.27$ 。

（3）无风。在弹道所有高度上风速为零。

各海拔高度上标准气温、气压值见表 2.1。

表 2.1　各海拔高度上标准气温、气压值

海拔高/m	0	500	1 000	1 500	2 000	2 500	3 000	3 500	4 000	4 500	5 000	5 500	6 000
气温/℃	15.9	13	10	6	3	0	−3	−6	−9	−13	−16	−19	−22
气压/mmHg	750	707	665	626	589	553	520	488	457	428	401	375	351

2.标准弹道条件

（1）表定弹重。对一批弹丸，由于加工误差的存在，各发弹重都是不同的，其取值服从一定的分布，取分布中心即均值作为弹重的标准值，即表定值。按分布的离散程度分为若干等级，射击时根据弹上的标志进行修正。

（2）表定药温。表定药温统一规定为 15℃。

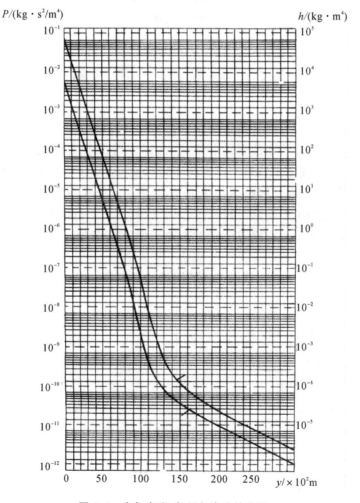

图 2.6　空气密度、气压与高度的关系

(3)表定初速。初速随药温明显变化,但在同一药温下,同一种火炮各门炮的初速也不完全相同,而同一门火炮随着射击发数的增加其初速也在缓慢变化,对于榴弹,在表定药温下火炮初速随射击发数的增加而衰减。表定初速应选在曲线变化比较小的部分。每一门火炮在实际射击时,当实际初速和表定初速不相等时,必须予以修正。

(4)表定跳角。由于发射过程中火炮震动等原因,弹丸出炮口时的初速向量线通常与仰线并不重合,而形成一个小的夹角,即跳角,是一个随机量,它有自己的分布,这个分布的均值即是表定跳角。

3.标准地球条件

(1)地表面为一球面。地球是一个半径为 $R=6\ 356.766\text{km}$ 的圆球。

(2)科氏加速度和惯性离心力加速度均为零。

(3)炮耳轴成水平,炮身轴线与炮耳轴垂直。

2.5　射表的主要内容

射表的主要内容包括基本诸元和修正诸元两大部分。

基本诸元是在一给定的射击条件(称为标准射击条件)下给出的,主要内容是射距离与射角(或仰角)、最大弹道高、落角、落速、飞行时间、横偏(偏流)、公算偏差等之间的关系,以及射距离与高角变化、炮目高低角变化量之间的关系。

修正诸元提供了射距离与横风、纵风、气温、气压、初速、药温、弹重等变化引起的射距离的改变量和横偏改变量的关系。表2.2和表2.3提供了某榴弹的基本表和修正量表的实例。

表 2.2　某榴弹的基本表

海拔/m	0	500	1 000	海拔改变量	射距离改变量	高角变化	炮目高差高低修正量	飞行时间	落角	落速	偏流	最大弹道高	公算偏差		
气压/mmHg	750	707	666	表尺改变量	射距离改变量	高角变化	炮目高差高低修正量	飞行时间	落角	落速	偏流	最大弹道高	距离	高低	方向
气温/℃	15	12	9	100mil	1mil	10m									
射距离	表尺	表尺	表尺												
m	mil	mil	mil	mil	m	mil	s	(°)	m/s	mil	m	m	m	m	
200															
400															
600															
800															
…															

表 2.3　某榴弹的修正量

海拔/m 0・500・1000 气压/mmHg 750・707・666 气温/℃ 15・12・9 射距离	表尺 (海拔0/气压750/气温15)	表尺 (海拔500/气压707/气温12)	表尺 (海拔1000/气压666/气温9)	表尺改变量 海拔高度改变距离改变量 100m	位距离改变量一密 5 mil	高低修正量 10m	炮目高差量 10m	飞行时间	落角	落速	最大弹道高	公算偏差 距离	公算偏差 高低	公算偏差 方向	修正量 方向 偏流	横风 10 m/s	纵风 10 m/s	气压改变 10 mm	气温改变 10℃	药温改变 10℃	初速改变 10 m/s	弹重改变 1个符号
m	mil	mil	mil	mil	m	mil	m	s	(°)	m/s	m	m	m	m	mil	mil	m	m	m	m	m	m
200																						
400																						
600																						
800																						
…																						

射表中包括关于火炮、弹药、引信的有关基础数据及弹道气象方面的基本知识，还给出了各种表的来源、意义、使用方法和注意事项。

射表的内容与格式随火炮、弹药系统的不同不完全一致，编拟射表时可依据任务单位提出的具体要求或按照"射表编拟技术规范"执行。

2.6　射表模型

射表模型是指适合于编拟射表的弹道数学模型。描述弹丸运动规律的弹道数学模型有质点弹道模型（简称 3D）、刚体弹道模型（简称 6D）、简化的刚体弹道模型（简称 5D）、改进的质点弹道模型（简称 4D）。这些模型建立的假设不同，涉及的气动力参数不同，计算速度不同，精度不同。因而，使用中应根据所研究问题的性质和要求合理选用。

2.6.1　坐标系

常用的坐标系有地面坐标系、速度坐标系、弹体坐标系等，这里只介绍地面坐标系，因为射表计算时与它的关系是直接的。

地面坐标系（见图 2.7）与地球固连，原点为与地球固连的射出点 O，Oy 轴在从地心 O' 过 O 点的矢径 R 方向上，向上为正。Ox 轴为射击面与过 O 点水平面的交线,它在射击面内与 Oy 轴垂直,沿射向方向为正, Oz 轴垂直于射面,其正向按右手准则确定,记为 $O\text{-}xyz$。

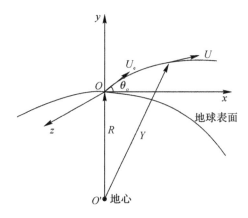

图 2.7　地面坐标系

2.6.2　作用在弹丸上的力

作用在弹丸上的力主要有阻力、升力、马格努斯力、重力、科氏力及惯性离心力,如图 2.8 所示。

(1)空气阻力 $\boldsymbol{R}_D$:

$$\boldsymbol{R}_D = -\frac{1}{2}\rho S\gamma^2\,C_D\boldsymbol{V}$$

式中: $\boldsymbol{V}$ 为弹丸相对于空气的速度向量; S 为弹丸参考面积; ρ 为空气密度, C_D 为总阻力系数。

(2)升力 $\boldsymbol{L}$:

$$\boldsymbol{L} = \frac{1}{2}\rho S\,V^2\,C_l\,\boldsymbol{\alpha}_e$$

式中: C_l 为升力系数; α_e 为动力平衡角。

(3)马格努斯力 $\boldsymbol{F}_y$:

$$\boldsymbol{F}_y = -\frac{\rho SdP}{4}\,C_{ypa}(\boldsymbol{\alpha}_e \times \boldsymbol{V})$$

式中: C_{ypa} 为一次项马格努斯力系数; P 为弹丸转速; d 为弹丸弹径。

(4)地球引力 $m\,\boldsymbol{g}'$:

$$m\,\boldsymbol{g}' = -G\frac{M_e m}{r^3}\boldsymbol{r}$$

式中: m 为弹丸质量; $\boldsymbol{g}'$ 为地球引力加速度; G 为引力常数; M_e 为地球质量。

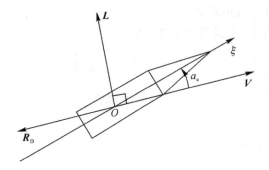

图 2.8　作用在弹丸上的阻力、升力

（5）惯性离心力 $m\,\boldsymbol{g}''$：

$$m\,\boldsymbol{g}'' = -\,\boldsymbol{w} \times (\boldsymbol{w} \times \boldsymbol{r})$$

式中：$\boldsymbol{w}$ 为地球自转角速度。

（6）科氏惯性力 $m\boldsymbol{\Lambda}$：

$$m\boldsymbol{\Lambda} = -\,2(\boldsymbol{w} \times \boldsymbol{u})$$

式中：$\boldsymbol{\Lambda}$ 为科氏惯性加速度；$\boldsymbol{u}$ 为弹丸相对于地面坐标系的速度向量。

（7）重力 $m\boldsymbol{g}$。

2.6.3　作用在弹丸上的力矩

作用在弹丸上的力可分为两类：一类是与攻角有关的静力（阻力、升力），另一类是与弹丸角速度有关的动力（马格努斯力）。与这两类力相对应的也有两类力矩：一类是静力矩（翻转力矩），另一类是动力矩（马格努斯力矩、滚转阻尼力矩、俯仰阻尼力矩）。

（1）静力矩 M：

$$M = \frac{1}{2}\rho S V d\, C_{\mathrm{m}}(V \times \xi)$$

式中：C_{m} 为静力矩系数。

（2）马格努斯力矩 M_{y}：

$$M_{\mathrm{y}} = \frac{1}{4}\rho S\, d^{2} P\, C_{\mathrm{mpa}} \cdot \xi \times (V \times \xi)$$

式中：C_{mpa} 为马格努斯力矩系数。

（3）滚转阻尼力矩（极阻尼力矩）L_{p}：

$$L_{\mathrm{p}} = \frac{1}{4}\rho S\, d^{2} P V\, C_{\mathrm{lp}}$$

式中：C_{lp} 为滚转阻尼力矩系数。

(4)俯仰阻尼力矩(赤道阻尼力矩) M_d ：

$$M_d = \frac{1}{4}\rho S\, d^2 V\, C_{mq\dot{a}}\, \dot{\varphi}$$

式中：$C_{mq\dot{a}}$ 为俯仰阻尼力矩系数；$\dot{\varphi}$ 为弹丸绕赤道轴的摆动角速度。

2.6.4　弹道模型

1. 符号说明

u_x ，u_y ，u_z ：弹丸速度在地面坐标系中的分量，m/s。

ρ ：空气密度，kg/m³。

S ：弹丸最大横截面积，m²。

m ：弹丸质量，kg。

g'_0 ：发射点引力加速度。

F_D ：弹丸阻力符合系数。

C_{D_0} ：零阻系数。

$C_{D\alpha^2}$ ：诱导阻力系数，1/rad²。

α_D ：起始扰动引起的攻角，rad。

α_e ：动力平衡角，rad。

v_r ，v_{rx} ，v_{ry} ，v_{rz} ：相对空气的弹丸飞行速度及在地面坐标系中的分量，m/s。

F_L ：弹丸升力符合系数。

$C_{l\alpha}$ ：一次项升力系数，1/rad。

$C_{l\alpha^3}$ ：三次项升力系数，1/rad³。

d ：弹丸直径，m。

$\dot{\gamma}$ ：弹丸自转角速度，rad/s。

$C_{yp\alpha}$ ：一次项马格努斯力系数，1/rad。

x ，y ，z ：弹丸坐标在地面坐标系中的分量，m。

J_x ：轴向转动惯量，kg · m²。

C_{lp} ：滚转阻尼力矩系数。

p ：气压，mmHg。

$\tau(y)$ ：气温，K。

t ：飞行时间，s。

w_x ，w_y ，w_z ：风速在地面坐标系中的分量，m/s。

S' :无因次弧长。

λ'_1 , λ'_2 :阻尼指数。

K_{10} , K_{20} :角运动初值。

Ma :马赫数。

Ω :地球自转角速度，$7.29 \times 10^{-5}\,\mathrm{rad/s}$。

L :发射点地球纬度，rad。

ε :射向，以真北为零，顺时针为正，rad。

Λ :科氏加速度，$\mathrm{m/s^2}$。

R :地球半径，$6\,356\,766\mathrm{m}$。

g :重力加速度，$\mathrm{m/s^2}$。

2. 质点弹道模型(3D)

$$\frac{\mathrm{d}u_x}{\mathrm{d}t} = -\frac{\rho S}{2m} \cdot F_{\mathrm{D}}C_{\mathrm{D}_0} \cdot VV_x + \lambda_3 u_y - \lambda_2 u_z - \Omega^2(y+R)\cos L \sin L \cos A - g'_0 \frac{R^2}{r^3}x$$

$$\frac{\mathrm{d}u_y}{\mathrm{d}t} = -\frac{\rho S}{2m} \cdot F_{\mathrm{D}}C_{\mathrm{D}_0} \cdot VV_y + \lambda_1 u_z - \lambda_3 u_x + \Omega^2(y+R)\cos^2 L - g'_0 \frac{R^2}{r^3}(R+y)$$

$$\frac{\mathrm{d}u_z}{\mathrm{d}t} = -\frac{\rho S}{2m} \cdot F_{\mathrm{D}}C_{\mathrm{D}_0} \cdot VV_z + \lambda_2 u_x - \lambda_1 u_y + \Omega^2(y+R)\cos L \sin L \sin A - g'_0 \frac{R^2}{r^3}z$$

$$\frac{\mathrm{d}x}{\mathrm{d}t} = u_x$$

$$\frac{\mathrm{d}y}{\mathrm{d}t} = u_y$$

$$\frac{\mathrm{d}z}{\mathrm{d}t} = u_z$$

$$\frac{\mathrm{d}\gamma}{\mathrm{d}t} = \frac{1}{4J_x}\rho SV\gamma d^2 C_{\mathrm{lp}}$$

$$\frac{\mathrm{d}h}{\mathrm{d}t} = -\frac{h(y)u_y}{29.27\tau(y)}$$

初值即当 $t = 0$ 时为

$u_x = u_0\cos\theta_0$, $\quad u_y = u_0\sin\theta_0$, $\quad u_z = 0$

$x = L_0\cos\theta_0$, $\quad y = y_0 + L_0\sin\theta_0$, $\quad z = 0$

$P = P_0 = \dfrac{2\pi u_0}{\eta d}$, $\quad h = h_0$

联系方程为

$$V = \sqrt{V_x^2 + V_y^2 + V_z^2} = \sqrt{(u_x - W_x)^2 + (u_y - W_y)^2 + (u_z - W_z)^2}$$

$\lambda_1 = 2\Omega\cos L\cos\varepsilon$

$\lambda_2 = 2\Omega\sin L$

$\lambda_3 = -2\Omega\cos L\sin\varepsilon$

3. 改进的质点弹道模型(4D)

$$\frac{\mathrm{d}u_x}{\mathrm{d}t} = -\frac{\rho S}{2m}[F_D C_{D_0} + C_{D\alpha^2}(\alpha_D^2 + \alpha_e^2)]V_r V_{rx} + \frac{\rho S}{2m}F_L(C_{l\alpha} + C_{l\alpha^3} \cdot \alpha_e^2)V_r^2 \alpha_{ex} -$$

$$\frac{\rho S d\dot{\gamma}}{4m}C_{yp\alpha}(\alpha_{ey}V_{rz} - \alpha_{ez}V_{ry}) + \Lambda_x + g_x$$

$$\frac{\mathrm{d}v_y}{\mathrm{d}t} = -\frac{\rho S}{2m}[F_D C_{D_0} + C_{D\alpha^2}(\alpha_D^2 + \alpha_e^2)]V_r V_{ry} + \frac{\rho S}{2m}F_L(C_{l\alpha} + C_{l\alpha^3} \cdot \alpha_e^2)V_r^2 \alpha_{ey} -$$

$$\frac{\rho S \dot{\gamma}}{4m}C_{yp\alpha}(\alpha_{ez}V_{rx} - \alpha_{ex}V_{rz}) + \Lambda_y + g_y$$

$$\frac{\mathrm{d}v_z}{\mathrm{d}t} = -\frac{\rho S}{2m}[F_D C_{D_0} + C_{D\alpha^2}(\alpha_D^2 + \alpha_e^2)]V_r V_{rz} + \frac{\rho S}{2m}F_L(C_{l\alpha} + C_{l\alpha^3} \cdot \alpha_e^2)V_r^2 \alpha_{ez} -$$

$$\frac{\rho S d\dot{\gamma}}{4m}C_{yp\alpha}(\alpha_{ex}V_{ry} - \alpha_{ey}V_{rx}) + \Lambda_z + g_z$$

$$\frac{\mathrm{d}x}{\mathrm{d}t} = u_x$$

$$\frac{\mathrm{d}y}{\mathrm{d}t} = u_y$$

$$\frac{\mathrm{d}z}{\mathrm{d}t} = u_z$$

$$\frac{\mathrm{d}\dot{\gamma}}{\mathrm{d}t} = \frac{1}{4J_x}\rho S V_r \dot{\gamma} d^2 C_{lp}$$

$$\frac{\mathrm{d}h}{\mathrm{d}t} = -\frac{h(y)v_y}{29.27\tau(y)}$$

初值即当 $t = 0$ 时为

$$u_x = u_0\cos\theta_0, \quad u_y = u_0\sin\theta_0, \quad u_z = 0$$

$$x = L_0\cos\theta_0, \quad y = y_0 + L_0\sin\theta_0, \quad z = 0$$

$$\dot{\gamma} = \frac{2\pi v_0}{\eta d}, \quad h = h_0$$

联系方程为

$$u = \sqrt{u_x^2 + u_y^2 + u_z^2}$$

$$V = \sqrt{V_x^2 + V_y^2 + V_z^2} = \sqrt{(V_x - w_x)^2 + (V_y - w_y)^2 + (V_z - w_z)^2}$$

$$\begin{cases} \alpha_{ex} = (a_b - a_a)(V_y\dot{v}_z - V_z\dot{v}_y) - a_b(V_y g_z - V_z g_y) \\ \alpha_{ey} = (a_b - a_a)(V_z\dot{v}_x - V_x\dot{v}_z) + a_b(V_x g_z - V_z g_x) \\ \alpha_{ez} = (a_b - a_a)(V_x\dot{v}_y - V_y\dot{v}_x) - a_b(V_x g_y - V_y g_x) \end{cases}$$

$$\alpha_e^2 = \alpha_{ex}^2 + \alpha_{ey}^2 + \alpha_{ez}^2$$

$$a_D^2 = K_{10}^2 e^2 \lambda'_1 S' + K_{20}^2 e^2 \lambda'_2 S'$$

$$\rho = \frac{13.6h(y)}{29.27\tau(y)}$$

$$M = v_r / \sqrt{41.1g\tau(y)}$$

$$\boldsymbol{\Lambda} = \begin{bmatrix} \Lambda_x \\ \Lambda_y \\ \Lambda_z \end{bmatrix} = \begin{bmatrix} \lambda_3 v_y - \lambda_2 v_z \\ \lambda_1 v_z - \lambda_3 v_x \\ \lambda_2 v_x - \lambda_1 v_y \end{bmatrix}$$

$$r = \sqrt{x^2 + (R+y)^2 + z^2}$$

$$g'_0 = 9.80665[1 - 0.0026\cos(2L)] + R\Omega^2 \cos^2 L$$

$$\boldsymbol{g} = \begin{bmatrix} g_x \\ g_y \\ g_z \end{bmatrix} = -g'_0 \frac{R^2}{r^3} \begin{bmatrix} x \\ R+y \\ z \end{bmatrix} - \Omega^2 (y+R) \begin{bmatrix} \cos L \sin L \cos\varepsilon \\ -\cos^2 L \\ -\cos L \sin L \sin\varepsilon \end{bmatrix}$$

4. 刚体弹道弹道模型(6D)

$$\frac{\mathrm{d}u_x}{\mathrm{d}t} = -\frac{qs}{m}(C_{D_0} + C_{D\alpha^2}\alpha_T^2)[\cos\varphi\cos(\alpha_\omega - \vartheta)\cos\beta_\omega + \sin\varphi\sin\beta_\omega] +$$

$$\frac{qs}{m}(C_{l\alpha}\alpha_T + C_{l\alpha^3}\alpha_T^3) \cdot \{\cos\varphi[\sin(\alpha_\omega - \vartheta)\cos\varphi - \cos(\alpha_\omega - \theta)\sin\beta_\omega\sin\varphi] +$$

$$\sin\varphi\cos\beta_\omega\sin\varphi\} - \frac{qs}{m}C_{yp\alpha}\left(\frac{Pd}{2V}\right)\alpha_T\{\cos\varphi[\sin(\alpha_\omega - \vartheta)\sin\varphi +$$

$$\cos(\alpha_\omega - \vartheta)\sin\beta_\omega\cos\varphi] - \sin\varphi\cos\beta_\omega\cos\varphi\} + g_x + \Lambda_x$$

$$\frac{\mathrm{d}u_y}{\mathrm{d}t} = \frac{qs}{m}(C_{D_0} + C_{D\alpha^2} \cdot \alpha_T^2)\sin(\alpha_\omega - \vartheta)\cos\beta_\omega +$$

$$\frac{qs}{m}(C_{l\alpha}\alpha_T + C_{l\alpha^3}\alpha_T^3) \cdot [\cos(\alpha_\omega - \vartheta)\cos\varphi + \sin(\alpha_\omega - \theta)\sin\beta_\omega\sin\varphi] +$$

$$\frac{qs}{m}C_{yp\alpha}\left(\frac{Pd}{2V}\right)\alpha_T[-\cos(\alpha_\omega - \vartheta)\sin\varphi + \sin(\alpha_\omega - \vartheta)\sin\beta_\omega\cos\varphi] + g_y + \Lambda_y$$

$$\frac{\mathrm{d}u_z}{\mathrm{d}t} = -\frac{qs}{m}(C_{D_0} + C_{D\alpha^2}\alpha_T^2)[-\sin\varphi\cos(\alpha_\omega - \vartheta)\cos\beta_\omega + \cos\varphi\sin\beta_\omega] +$$

$$\frac{qs}{m}(C_{l\alpha}\alpha_T + C_{l\alpha^3}\alpha_T^3)\{\sin\varphi[\sin(\alpha_\omega - \vartheta)\cos\varphi - \cos(\alpha_\omega - \theta)\sin\beta_\omega\sin\varphi] +$$

$$\cos\varphi\cos\beta_\omega\sin\varphi\} + \frac{qs}{m}C_{yp\alpha}\left(\frac{Pd}{2V}\right)\alpha_T\{\sin\varphi[\sin(\alpha_\omega - \vartheta)\sin\varphi +$$

$$\cos(\alpha_\omega - \vartheta)\sin\beta_\omega\cos\varphi] + \cos\varphi\cos\beta_\omega\cos\varphi\} + g_z + \Lambda_z$$

$$\frac{\mathrm{d}x}{\mathrm{d}t} = u_x$$

$$\frac{\mathrm{d}y}{\mathrm{d}t} = u_y$$

$$\frac{\mathrm{d}z}{\mathrm{d}t} = u_z$$

$$\frac{\mathrm{d}\omega_x}{\mathrm{d}t} = \frac{1}{J_x}\{[\cos\alpha_\omega\cos\beta_\omega\sin\alpha_T - (\sin\alpha_\omega\cos\varphi - \cos\alpha_\omega\sin\beta_\omega\sin\varphi)\cos\alpha_T][qSdC_{mpa}(\frac{Pd}{2V})\alpha_T] -$$

$$(\sin\alpha_\omega\sin\varphi + \cos\alpha_\omega\sin\beta_\omega\cos\varphi)[qSd(C_{m\alpha}\alpha_T + C_{m\alpha^3}\alpha_T^3)]\} + \frac{1}{J_x}qSdC_{lp}(\frac{Pd}{2V})$$

$$\frac{\mathrm{d}\omega_y}{\mathrm{d}t} = -\frac{1}{J_y}\{[\sin\alpha_\omega\cos\beta_\omega\sin\alpha_T + (\cos\alpha_\omega\cos\varphi + \sin\alpha_\omega\sin\beta_\omega\sin\varphi)\cos\alpha_T][qSdC_{mpa}(\frac{Pd}{2V})\alpha_T] +$$

$$(-\cos\alpha_\omega\sin\varphi + \sin\alpha_\omega\sin\beta_\omega\cos\varphi)[qSd(C_{m\alpha}\alpha_T + C_{m\alpha^3}\alpha_T^3)]\} -$$

$$\frac{J_x}{J_y}\omega_x\omega_y + [(\omega_x - \dot\gamma)\omega_z] + \frac{1}{J_y}qSdC_{mqa}(\frac{\omega_y d}{2V})$$

$$\frac{\mathrm{d}\omega_z}{\mathrm{d}t} = \frac{1}{J_y}\{(\sin\beta_\omega\sin\alpha_T - \cos\beta_\omega\sin\varphi\cos\alpha_T)\cdot[qSdC_{mpa}(\frac{Pd}{2V})\alpha_T] +$$

$$\cos\beta_\omega\cos\varphi\cdot qSd(C_{m\alpha}\alpha_T + C_{m\alpha^3}\alpha_T^3)\} +$$

$$\frac{J_x}{J_y}\omega_x\omega_y - (\omega_x - \dot\gamma)\omega_y + \frac{1}{J_y}qSdC_{mqa}(\frac{\omega_z d}{2V})$$

$$\frac{\mathrm{d}\gamma}{\mathrm{d}t} = \omega_x - \omega_y\tan\vartheta$$

$$\frac{\mathrm{d}\varphi}{\mathrm{d}t} = \frac{\omega_y}{\cos\vartheta}$$

$$\frac{\mathrm{d}\vartheta}{\mathrm{d}t} = \omega_z$$

式中：$q = \frac{1}{2}\rho V^2$。

$$\mathbf{\Lambda} = \begin{bmatrix} \Lambda_x \\ \Lambda_y \\ \Lambda_z \end{bmatrix} = \begin{bmatrix} \lambda_3 u_y - \lambda_2 u_z \\ \lambda_1 u_z - \lambda_3 u_x \\ \lambda_2 u_x - \lambda_1 u_y \end{bmatrix}$$

$$r = \sqrt{x^2 + (R+y)^2 + z^2}$$

$$g'_0 = 9.80665[1 - 0.0026\cos(2L)] + R\Omega^2\cos^2 L$$

$$\mathbf{g} = \begin{bmatrix} g_x \\ g_y \\ g_z \end{bmatrix} = -g'_0\frac{R^2}{r^3}\begin{bmatrix} x \\ R+y \\ z \end{bmatrix} - \Omega^2(y+R)\begin{bmatrix} \cos L\sin L\cos\varepsilon \\ -\cos^2 L \\ -\cos L\sin L\sin\varepsilon \end{bmatrix}$$

$$\alpha_\omega = \vartheta - \arcsin\left(\frac{\sin\theta_\omega}{\cos\beta_\omega}\right), \quad \beta_\omega = \arcsin[\cos\theta_\omega\sin(\varphi - \varphi_{v\omega})]$$

$$u = \sqrt{u_x^2 + u_y^2 + u_z^2}, \quad \theta = \arctan\left(\frac{u_y}{\sqrt{u_x^2 + u_z^2}}\right)$$

$$\varphi_v = -\arctan\left(\frac{u_z}{u_x}\right), \quad \theta_\omega = \arctan\left(\frac{V_y}{\sqrt{V_x^2 + V_z^2}}\right)$$

$$\varphi_{vw} = -\arctan\left(\frac{V_z}{V_x}\right), \quad V = \sqrt{V_x^2 + V_y^2 + V_z^2}$$

$$V_x = u_x - \omega_x, \quad V_y = u_y - \omega_y, \quad V_z = u_z - \omega_z$$

$$\alpha_T = \arccos[\cos\alpha_\omega \cos\beta_\omega] \quad (0° < \alpha_T < 90°)$$

$$\sin\varphi = -\frac{\cos\alpha_\omega \sin\beta_\omega}{\sin\alpha_T}, \quad \cos\varphi = \frac{\sin\alpha_\omega}{\sin\alpha_T}$$

初值即当 $t = 0$ 时为

$$u_x = u_0\cos\theta_0\cos(\varphi_v)_0, \quad u_y = u_0\sin\theta_0, \quad u_z = -u_0\cos\theta_0\sin(\varphi_v)_0$$

$$x = x_0, \quad y = y_0, \quad z = z_0$$

$$\omega_x = \frac{2\pi u_0}{\eta d}, \quad \omega_y = 0, \quad \omega_z = 0$$

$$\gamma_0 = 0, \quad \varphi_0 = 0, \quad (\varphi_v)_0 = 0$$

$\vartheta = \theta_0$ 为射角；u_0 为初速；η 为膛线缠度。

2.7　射表试验

　　射表试验的目的:第一是在射表模型中涉及许多未知参数,获取这些未知参数最符合实际的办法是对弹道进行测量,根据测量结果反求出这些未知参数;第二是通过实测弹道数据,使理论弹道与实际弹道相符合;第三是通过试验求得编拟射表所必需的其他修正系数或参数。射表试验的主要项目包括如下几项。

　　(1)测速试验:确定弹丸初速,提取弹丸自身阻力系数。

　　(2)跳角试验:测定火炮跳角及跳角散布。

　　(3)弹重修正系数和药温修正系数试验:确定弹重修正系数和药温修正系数。

　　(4)测定落点弹道诸元的射击试验:为弹道符合计算提供落点弹道诸元数据并测定地面着发射击密集度。

　　(5)立靶试验:为小射角符合计算测定低伸弹道在立靶上的弹着点坐标、飞行时间,测定低伸弹道的高低、方向散布。

　　(6)确定表定初速的射击试验:确定表定初速及初速中间误差。

　　(7)测定弹丸空间坐标的射击试验:为弹道符合计算提供弹丸空间坐标,测定时刻 t 的对空射击密集度。

　　(8)测定弹丸刚体弹道参数的纸靶试验:提取弹丸空气动力参数和稳定性因子并进行稳定性分析。

2.8 符合计算和射程标准化

编制射表时,必须规定具有某种代表性的射击条件——标准射击条件。我国炮兵标准射击条件包括标准气象条件、标准弹道条件和标准地球条件。所谓标准化射程就是满足标准射击条件的射程。通过射击试验得到的是符合当时射击条件的射程,叫试验射程。如果试验时的条件与标准条件完全一致,这时得到的试验射程也就是标准化的射程。但要求试验条件和标准条件完全一致是不可能的。因此,我们能得到的只能是非标准条件(实际射击条件)下的试验射程。通过测量和计算实际射击条件和标准条件的偏差,并计算出这些偏差引起射程的改变量,然后对试验射程予以修正,则修正后的射程就是标准化了的射程。射表中给出的射程就是标准化射程按射角、装药平滑处理后的结果。

符合计算就是要使理论弹道与实际弹道相一致,其目的是求取射表编拟所需要的符合系数。符合系数不仅包含了弹道模型中未考虑到的因素的影响,而且也包含了弹道模型中气动参数的误差、弹道诸元测量误差、气象参数测量误差及其他参与符合计算的试验数据误差、起始扰动等。通常情况下,符合系数是射角的函数,随着射角的变化而变化。图 2.9 所示为某型弹丸符合系数曲线图。

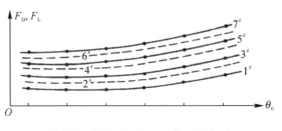

图 2.9 制作 F_D, F_L $-\theta_0$ 曲线示意图

2.9 射表的编拟计算

2.9.1 计算说明

按任务书中关于射表内容、格式的要求执行或按"炮兵射表工作守则"执行。在进行射表编拟计算时,应注意如下几点:

（1）射表分为地面射表和山地射表。地面射表是指在海拔为 0m 的地面上射击用的射表，山地射表是指在海拔为 500m 以上的山地射击使用的射表。在射表的格式和内容上，山地射表和地面射表是完全一致的，由于海拔高程不同，所以各相应弹道诸元会产生差异。因此，计算射表的方法是一致的，仅有的差别是在积分弹道方程时，初值有差别。

（2）计算射表时，首先要对若干射角（支撑点）计算各种弹道诸元，然后计算出整数距离对应的诸元。

（3）修正诸元的计算是以"求差法"获得的。

（4）射表计算时所需要的基础数据应符合标准射击条件。

2.9.2　射表计算的基础数据

射表计算所需要的基础数据（见表 2.4）应符合标准射击条件，其中一部分为表定值，另一部分由试验结果提供。

表 2.4　射表计算所需要的基础数据

名　　称	代　号	单　位	数 据 来 源
表定初速	u_{0T}	m/s	取自产品图和设计说明书
表定弹重	q_{0T}	kg	
轴向转动惯量	J_x	kg·m²	
赤道转动惯量	J_y	kg·m²	
火炮膛线缠度	η	弹径倍数	
弹丸口径	d	m	
炮口至炮耳轴中点距离	l	m	
药温修正系数	l_t	1/℃	由药温、弹重修正系数试验求得
弹重修正系数	l_q	无因次	
跳角高低公算偏差	r_θ	mil	由跳角试验求得
跳角方向公算偏差	r_w	mil	
初速公算偏差	r_{u_0}	m/s	取自测速试验结果
阻力符合系数	F_D	/	取自符合计算结果
升力符合系数	F_L	/	
表定跳角	r, ω	mil	由多门炮跳角试验求得

2.9.3 基本诸元的计算

基本诸元内容包括 α 瞄准角（mil），T 飞行时间（s），θ_c 落角（°），u_c 落速（m/s），Y 最大弹道高（m），X 射距离（m），Z 偏流（mil）。

给定射角 θ_0，表定初速 u_{0T}，及对应的 F_D，F_L。积分标准条件下的弹道方程组到落点，得落点的 u_x，u_y，u_z，x，z，t，然后按下述方法计算基本诸元。

（1）射距离 X_N：

$$X_N = \sqrt{x^2 + z^2}$$

（2）瞄准角 α：

$$\alpha = \frac{60}{3.6}(\theta_0 - r)$$

式中：r 为表定跳角。

（3）落速 V_c：

$$V_c = \sqrt{u_x^2 + u_y^2 + u_z^2}$$

（4）落角 θ_c：

$$\theta_c = \arctan \frac{u_y}{\sqrt{u_x^2 + u_z^2}} + \arctan \frac{x}{R}$$

式中：R 为地球半径。

（5）偏流 Z：

$$Z = 955 \frac{x}{x}$$

（6）飞行时间 T：

$$T = t$$

（7）最大弹道高 Y 用插值法求出。

2.9.4 修正诸元的计算

由于符合系数已包含了验前信息，所以不仅提高了基本诸元的精度，而且也提高了修正诸元的精度。计算修正诸元时，符合系数是主要参数之一。修正诸元的计算步骤与原方法基本一致。

（1）瞄准角改变 1mil 时射距离改变量 ΔX_α 的计算。以 $\theta_0 + \Delta\theta_0$ 代替射角（其中 $\Delta\theta_0$ 代表 1mil），并求出其对应的 F_D，F_L，在积分标准条件下的弹道方程

组得射距离 X_b ,则

$$\Delta X_\alpha = X_N - X_b$$

(2)弹重改变一个符号时修正量的计算。设弹重改变一个符号时弹重改变量为 Δm ,其修正量 ΔX_q 的计算方法是将方程组中的弹重 m 改变为 $m + \Delta m$,并将 u_{0T} 改为 $u_{0T} + \Delta u_q$,这里 $\Delta u_q = \dfrac{\Delta m}{m} l_q u_{0T}$, l_q 为弹重修正系数,在积分标准条件下的弹道方程组得射距离 X_q ,则

$$\Delta X_q = X_N - X_q$$

(3)初速变化 Δu_0 时射距离修正量 ΔX_{u_0} 的计算。先从 F_D , $F_L - f(V_{0T})$ 曲线上插值求出 $u_{0T} + \Delta u_0$ 所对应的各射角的 F_D , F_L 值,然后用 $u_{0T} + \Delta u_0$ 代替表定初速,在积分标准条件下的弹道方程组得射距离 X_u ,则

$$\Delta X_{u0} = X_N - X_u$$

(4)药温修正量的计算。药温变化引起初速变化,进而影响射距离。记药温的改变量为 Δt_z ,则它引起初速的改变量为 $l_t \Delta t_z u_{0T}$,实际初速变为

$$u_0 = (1 + l_t \Delta t_z) u_{0T}$$

以 u_0 代替初速,在其他均为标准条件下积分弹道方程组得 X_t ,则 Δt_z 引起的射距离修正量为

$$\Delta X_{\Delta t_z} = X_N - X_t$$

(5)纵风修正量的计算。在方程组中,除纵风 W_x 取给定值外,其他均取标准射击条件,然后积分弹道方程组到落点,得射距离 X_w ,则纵风 W_x 引起的距离修正量为

$$\Delta X_{WX} = X_N - X_W$$

(6)横风修正量的计算。在方程组中,除横风 W_z 取给定值外,其他均取标准射击条件,然后积分弹道方程组到落点,得横向偏差 Z_w ,则横风 ΔW_z 引起的方向修正量为

$$\Delta Z_{WZ} = Z_W - Z$$

式中: Z 为与 X_N 相对应的偏流值。

(7)气压修正量的计算。在方程组的初始条件中,令气压的初值为

$$h'_0 = h_0 + \Delta h$$

再在标准射击条件下积分到落点,得射距离 X_h ,则气压改变 Δh 引起的射距离修正量为

$$\Delta X_h = X_N - X_h$$

(8)气温修正量的计算。将标准条件下的弹道方程组中各绝对高度上的气温标准值 τ 用 $\tau' = \tau + \Delta\tau$ 来代替,其他射击条件仍为标准条件,积分到落点得

X_τ,则气温改变 $\Delta\tau$ 引起的射距离修正量为

$$\Delta X_{\Delta\tau} = X_{\mathrm{N}} - X_\tau$$

(9)距离改变 10m 时表尺改变量的计算。设瞄准角改变 1mil 时射距离的改变量为 ΔX_θ,则射距离改变 10m 时表尺的改变量其单位以密位(mil)记为

$$\Delta N = \frac{10}{\Delta X_\theta}$$

(10)目标高 H(m)时直射距离的计算。利用已计算出的基本诸元中的最大弹道高作为自变量,射距离 X 作为函数,通过插值求出最大弹道高为 H 的射距离,即目标高为 H 时的射距离。

(11)简明射表的计算。简明射表中只包括距离和表尺分划。计算方法与 2.9.3 节中相应诸元的计算方法相同。

(12)涂漆修正量、冲帽修正量、消焰修正量的计算。这些修正量是用对比射击的方法求得的。

2.9.5 公算偏差的计算

编拟公算偏差时采用两种方法:一种方法是利用射程和密集度试验测出的实际值通过绘制与射角的曲线关系图给出具体结果,另一种方法是先确定引起散布的各个因素本身的散布,再通过计算求出,具体方法可参见文献[9]。

2.9.6 炮目高差为 Δy 时高低修正量的计算

假定目标高于海平面 Δy,水平距离为 x,如图 2.10 所示。

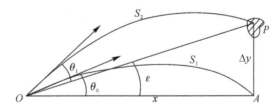

图 2.10 目标高于炮口水平面时高角修正量计算示意图

图中 ε 为炮目高低角

$$\varepsilon = \arctan\frac{\Delta y}{x}$$

要射中目标需首先赋予火炮仰角 α_1(瞄准角):

$$\alpha_1 = \theta_1 + \varepsilon - r$$

式中：r 为跳角。

在计算基本诸元时，已计算出了射距离 x 对应的仰角 α_0：

$$\alpha_0 = \theta_0 - r$$

在一般情况下，$\theta_0 \neq \theta_1$，因而对目标 P 射击时，不能用 θ_0 代替 θ_1，而应在 θ_0 上加一个修正量 $\Delta\alpha$：

$$\Delta\alpha = \theta_0 - \theta_1$$

称 $\Delta\alpha$ 为目标高于炮口水平面 Δy 时的高角修正量。

这里需要指出的是，当初速比较大、射程 x 比较小，且 Δy 不太高时，用 θ_0 代替 θ_1 不会产生大的误差，即弹道 OS_1A 与弹道 OS_2P 可视为一致。

计算 $\Delta\alpha$ 的方法是，用标准射击条件下的弹道方程积分一束弹道。记 x_0 处炮口水平面以上各条弹道的弹道高分别为 y_1，y_2，y_3，$\cdots$，如图 2.11 所示。

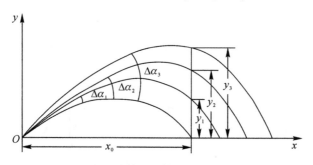

图 2.11　各弹道束相应 X_{D} 的弹道高

当目标高于炮口水平面 y_1 时，可算出修正量 $\Delta\alpha_1$；当目标高出 y_2 时，可求出修正量 $\Delta\alpha_2$；依次对 y_3 得修正量 $\Delta\alpha_3$；等等。然后以 y_i 为自变量，$\Delta\alpha_i$（$i = 1,2,\cdots$）为函数值，通过插值，求出目标高出炮口水平面 $+\Delta y$ 时的修正量 $\Delta\alpha_{+\Delta y}$。对炮口水平面以下的各条弹道可按同样的方法求出 $\Delta\alpha_{-\Delta y}$。以它们的平均值作为目标高差为 Δy 时的修正量 $\Delta\alpha_{\Delta y}$ 即

$$\Delta\alpha_{\Delta y} = \frac{1}{2}(|\Delta\alpha_{+\Delta y}| + |\Delta\alpha_{-\Delta y}|)$$

2.9.7　高角修正量表的计算

高角修正量表与炮目高差为 Δy 时高修正量表的含义是相同的，差别只是编表的范围和要求不同，现叙述如下。

1. 目标高于炮口水平面时，高角修正量 $\Delta\alpha$ 的计算

（1）低射界 $\Delta\alpha$ 的计算。当射角不超过最大射程角（如 45°）时，称为低射界。

在标准条件下积分一束弹道。从给定最小射角到最大射程角,记录每条弹道在它之前各条弹道的射距离处的弹道高 y,如图 2.12 和图 2.13 所示。

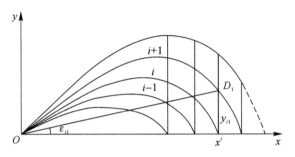

图 2.12　计算高角修正量弹道表

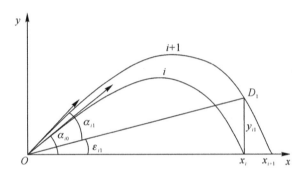

图 2.13　高角修正量计算示意图

由图 2.13 可知,第 $i+1$ 条弹道在 x_i 处有高低角 ε_{i1},且

$$\varepsilon_{i1} = \arctan \frac{y_{i1}}{x_i}$$

为命中目标 D_1,需对 α_{i0} 加修正量 $\Delta\alpha_{i1}$:

$$\Delta\alpha_{i1} = \alpha_{i1} - \alpha_{i0}$$

而命中 D_1 的仰角为:

$$\varphi_{i1} = \alpha_{i0} + \Delta\alpha_{i1} + \varepsilon_{i1}$$

对应 $i+j$ 条弹道有:

$$\varepsilon_{ij} = \arctan \frac{y_{ij}}{x_i}$$

式中:y_{ij} 为第 $i+j$ 条弹道在 x_i 处的弹道高;α_{ij} 为相应的瞄准角;$\Delta\alpha_{ij}$ 为相应的修正量,其命中点为与 y_{ij} 相应的 D_j 点。

命中 D_j 的装定仰角为

$$\varphi_{ij} = \alpha_{i0} + \varepsilon_{ij} + \Delta\alpha_{ij}$$

经过上述计算可得对应的 x_i，其瞄准角（高角）为 α_{i0} 的炮目高低角和高角修正量的关系见表 2.5。

表 2.5　同一高角下不同炮目高低角相应的高角修正量

	高角 α_{i0}					
炮目高低角	ε_{i1}	ε_{i2}	ε_{i3}	$\cdots$	ε_{ij}	$\cdots$
高角修正量	$\Delta\alpha_{i1}$	$\Delta\alpha_{i2}$	$\Delta\alpha_{i3}$	$\cdots$	$\Delta\alpha_{ij}$	$\cdots$

根据表 2.5 中的结果，通过插值即可求出射表中所要求的炮目高低角为 ε_1，ε_2，$\cdots$，$\varepsilon_{\max}$ 时所对应的高角修正量，例如，取 $\varepsilon_1 = 10\ \mathrm{mil}$，$\varepsilon_{\max} = 200\ \mathrm{mil}$，中间等间隔。

用上述方法，对不同的高角分别求得相应的修正量，其全部结果见表 2.6。

表 2.6　高角修正量表

α_i	$\Delta\alpha_{ij}$					
	α_1	α_2	$\cdots$	α_i	$\cdots$	α_{n-1}
10	$\Delta\alpha_{1,10}$	$\Delta\alpha_{2,10}$	$\vdots$	$\Delta\alpha_{i,10}$	$\vdots$	$\Delta\alpha_{n-1,10}$
20	$\Delta\alpha_{1,20}$	$\Delta\alpha_{2,20}$	$\vdots$	$\Delta\alpha_{i,20}$	$\vdots$	$\Delta\alpha_{n-1,20}$
$\vdots$	$\vdots$	$\vdots$	$\vdots$	$\vdots$	$\vdots$	$\vdots$
ε_j	$\Delta\alpha_{1,j}$	$\Delta\alpha_{2,j}$	$\vdots$	$\Delta\alpha_{i,j}$	$\vdots$	$\Delta\alpha_{n-1,j}$
$\vdots$	$\vdots$	$\vdots$	$\vdots$	$\vdots$	$\vdots$	$\vdots$
200	$\Delta\alpha_{1,200}$	$\Delta\alpha_{2,200}$	$\vdots$	$\Delta\alpha_{i,200}$	$\vdots$	$\Delta\alpha_{n-1,200}$

表 2.6 就是在目标高于炮口水平面时，低射界的高角修正量表。

（2）高射界 $\Delta\alpha$ 的计算。从最大射程角到最大射角为高射界范围。

为计算高射界 $\Delta\alpha$，同样要计算一束弹道。从最大射角开始，适当选择角度间隔，最末一条弹道应为最大射程角对应的弹道。其过程完全同于低射界情况。

2. 目标低于炮口水平面时，高角修正量的计算

此时同样要求计算一条弹道，与高于炮口水平面情况不同的是此时是记取每条弹道在它之后的各条弹道距离处的弹道高 y。同样也分高、低射界情况。其方法完全与目标高于炮口水平面时高角修正量计算方法相同。

2.10　对射表的要求

1.射表应具有一定的精度

没有一定精确度的射表是不可能进行有效射击的。但是具有什么样的精度才符合要求呢,这是编拟射表首先要考虑的问题。较为统一的观点是遵循米哈依洛夫的准则:射表误差的允许范围应以不显著地增大射击中起始诸元准备误差为依据,其误差应控制在起始诸元准备误差的 10% 以内。

2.射表要便于在训练与作战中直接使用,也要便于火控系统软件的设计

为了便于直接使用射表,射表在格式、内容上应给出算成表,以便减少差值的次数。此外,射表还应是可携带的,要易于放在野战图囊里,字体应考虑在照明条件恶劣的情况下能看清楚,要易于查找不同装药号的相应射表页。

第3章 贝叶斯统计理论基础

3.1 引　言

贝叶斯(Bayes)统计起源于英国学者贝叶斯发表的一篇论文《论有关机遇问题的求解》。在此论文中他提出了著名的贝叶斯公式和一种归纳推理方法,随后拉普拉斯(Laplace)等人用贝叶斯提出的方法导出一些有意义的结果,在贝叶斯公式诞生后的 100 多年时间里,随着统计应用的扩大,贝叶斯统计受到了人们的高度关注和很大程度的欢迎,著名统计学家、中国科学院院士陈希孺教授分析认为:"21 世纪贝叶斯统计将居统治地位。"从近年来国内外的文献资料来看,贝叶斯统计理论几乎可以作为每一个学科的研究工具之一,在临床试验、医学检查、质量控制、软件质量评估、可靠性评价、宏观经济预测等领域都得到了广泛的应用。

3.2 贝叶斯统计理论的基本思想

贝叶斯学派的基本观点是:任意一个未知参数都可以看作一个随机变量,概率被理解为基于给定信息下对相关量不完全了解的程度,认为具有相同可能性的随机事件具有相同的概率,应用一个概率分布去描述对参数的未知状况,这个概率分布是在抽样前就有的关于概率的认知,是人们对某些事件的一种信任程度,这个概率分布被称为先验分布,反映了人们对待估计参数的主观概率。而经典统计在对随机参数估计时,假定待估计参数为未知常数,并认定这些参数的信息仅由样本携带,于是通过对样本的加工处理得到参数估计。是否应用先验信息是贝叶斯统计与经典统计的本质区别。按照贝叶斯观点,贝叶斯学派很重视先验信息的收集、挖掘和加工,使它数量化,形成先验分布,将它加到统计推断中来,从而得以提高统计推断质量。

贝叶斯统计中的两个基本概念是先验分布和后验分布。①先验分布。它是总体分布参数的一个概率分布。贝叶斯学派的观点认为,在关于总体分布参数的任何统计推断问题中,除了使用样本提供的信息外,还必须确定一个先验分布,它是在进行统计推断时不可缺少的一个要素。而先验分布的选择是贝叶斯统计的前提,它大体上可以分为无信息先验分布和共轭先验分布两大类。无信息先验分布一般应满足以下几条性质:不变性、相合的边缘化、相合的抽样性、普遍性和容许性。共轭先验分布是贝叶斯理论中的另一类重要先验分布,其优点是计算方便,后验分布中的参数不改变参数先验分布类型,意义明确,很好解释。②后验分布。根据样本分布和未知参数的先验分布,用概率论知识求出在样本已知下未知参数的条件概率分布。试验后,关于参数的全部信息包含在后验分布中,贝叶斯推断方法都是依据后验分布的,而不再涉及样本信息。下式给出了贝叶斯统计模型,即著名的贝叶斯公式。

$$P(A_i \mid B) = \frac{P(B \mid A_i)P(A_i)}{P(B)} = \frac{P(B \mid A_i)P(A_i)}{\sum_{i=1}^{n} P(B \mid A_i)P(A_i)} \tag{3.1}$$

式中:事件 $A_1, A_2, \cdots, A_n$ 构成互不相融的事件组(见图 3.1);先验信息以 $\{P(A_i), i = 1,2,\cdots, n\}$ 给出;由于事件 B 的发生,可以对事件 $A_1, A_2, \cdots, A_n$ 发生的概率重新估计。

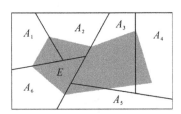

图 3.1　贝叶斯统计模型图

3.3　先验信息的获取和表示

3.3.1　先验信息的获取

先验信息的获取方法概括起来主要有以下几种途径:

(1)主观概率法。一个事件的概率是人们根据经验对该事件发生可能性所给出的个人信念,这样给出的概率称为主观概率。确定主观概率最典型的方法是"专家打分"法。假定 θ 为未知分布参数,根据经验将 θ 的取值范围分为 $K+1$

个档次,然后请 n 个专家填写属于的档次并将专家的意见归纳成表 3.1,其中 $n_1 + n_2 + \cdots + n_K = n$,由表中数据可以作出 θ 的频率图并得出 θ 的先验分布。当总体参数 θ 是离散时可应用该方法。该方法的缺点不能避免主观因素的影响。

表 3.1　专家打分表

档　　次	$\theta \leqslant \theta_1$	$\theta_1 \leqslant \theta \leqslant \theta_2$	...	$\theta_{K-1} \leqslant \theta \leqslant \theta_K$	$\theta > \theta_K$
所得票数	n_1	n_2	...	n_K	n_{K+1}
频　　数	n_1/n	n_2/n	...	n_K/n	n_{K+1}/n

(2)从历史资料中获取,特别是以前做过的试验数据资料。这是一种最重要的途径。例如,武器装备各系统的精度评定问题中,要获得精度在定型试验之前的验前信息,这时可以考虑试验之前的各种资料。如各种地面试验和测试的数据、同型号不同试验数据及不同射程之下的试验数据、对飞行中各种干扰的统计规律性认识等。又如,某产品的质量评定中,关于产品质量的历史情况就是一种重要的验前信息,一般而言,某种新产品的生产过程具有一定继承性,那么这种"继承"的内涵就是产品的历史信息。

当总体参数 θ 连续,θ 的先验信息(经验和历史数据)足够多时,通常可应用以下四种方法确定先验分布:直方图法、选定先验密度函数形式再估计超参数法、定分度法与变分度法。其中选定先验密度函数形式再估计超参数法是根据先验信息选定参数 θ 的先验密度函数的形式,当先验分布中含有未知参数时给出超参数的估计值使之最接近先验信息。定分度法和变分度法都是通过专家咨询获得各种主观概率,然后经过加工整理即可得到累积概率分布曲线。二者类似但略有差异。定分度法是把参数可能取值的区间逐次分为长度相等的小区间,每次在每个小区间上请专家给出主观概率。变分度法是把参数可能取值的区间主次分为机会相等的两个小区间,这里分点由专家确定。

(3)理论分析或仿真实验以获得验前信息。这是一种在工程实践中常用的方法。例如,对于再入飞行器的真实落点在试验之前虽然不能确切地说出它的位置,但是由总体设计的理论论证,可以确定在一定的条件下,落点是沿轨道还是在"标准轨道"近旁的。因此,关于落点的信息不是一无所知,特别是计算技术的发展,使我们能够对比较复杂的现象进行仿真,这种仿真的方法是获取验前信息的一种重要途径。

3.3.2　无信息先验分布

贝叶斯统计的特点就在于利用先验信息(经验与历史数据)形成的先验分

布,参与统计推断。它启发人们要充分挖掘周围的各种信息使统计推断更为有效。但在很多情况下没有先验信息可以利用,此时如何确定先验分布呢? 对于这个问题,H. Jeffreys,E. T. Janes,C. Stein,C. Villegas 等人作了专门研究,下面简述一些有关研究结果。

1.同等无知原则

在没有信息可利用的场合,如果要给出验前分布,那么这种分布应包含尽可能少的信息。例如,θ 是分布参数,它没有任何验前信息,于是可以设想:在 θ 的取值范围内什么值都可以取,而且没有任何理由认为取这个值较之其他值来得经常,称它为同等无知原则。因此很自然地把 θ 的取值范围上的"均匀"分布看作 θ 的先验分布,即

$$\pi(\theta) = \begin{cases} c & (\theta \in H) \\ 0 & (\theta \bar{\in} H) \end{cases}$$

式中:H 是 θ 的取值范围;c 是一个容易确定的常数。这一看法通常被称为贝叶斯假设。贝叶斯假设有其合理的方面,但也存在一些问题,主要有以下两个问题:

(1)H 为 θ 的连续无限集 $(-\infty < \theta < \infty)$。如果令 $\pi(\theta) = c > 0(c$ 为常数),则 $\int_H \pi(\theta)\mathrm{d}\theta = \infty$,这样 $\pi(\theta)$ 不是常规情况下的概率密度函数,因此引入广义验前分布。

设随机变量 X 具有概率密度函数 $f(x \mid \theta)$ $(\theta \in H)$,如果 $\pi(\theta)$ 满足下列条件:

1) $\pi(\theta) \geqslant 0$ $(\theta \in H)$;

2) $\int_H \pi(\theta)\mathrm{d}\theta = \infty$;

3) $0 < \int_H \pi(\theta)\mathrm{d}\theta < \infty$。

则称 $\pi(\theta)$ 为 θ 的广义验前概率密度函数。当条件 3)满足时,有

$$\int_H \pi(\theta)\mathrm{d}\theta = \int_H \left[\frac{\pi(\theta)f(X \mid \theta)}{\int_H f(X \mid \theta)\pi(\theta)\mathrm{d}\theta} \right] \mathrm{d}\theta = 1$$

$\pi(\theta \mid X)$ 是一个密度函数,因此在贝叶斯统计推断中就可以应用广义概率密度函数。

(2)贝叶斯假设不满足变换下的不变性,均匀分布的验前分布不能随意设定。如考虑正态分布总体中的位置参数 σ^2,如果认为 σ^2 为 $(0,+\infty)$ 上的均匀分布变量,而 σ 当然也是同等无知的,也应该是 $(0,+\infty)$ 上具有均匀分布的变

量,但是

$$P_\sigma(\sigma) = \left| \frac{\mathrm{d}\,\sigma^2}{\mathrm{d}\sigma} \right| P_{\sigma^2}(\sigma^2) = 2\sigma P_{\sigma^2}(\sigma^2)$$

式中:$P_\sigma(\sigma)$ 为 σ 的概率密度;$P_{\sigma^2}(\sigma^2)$ 为 σ^2 的概率密度。可见 $P_\sigma(\sigma)$ 不再是 $(0, +\infty)$ 上的均匀分布。因此,对于分布参数在无验前信息时,均匀分布的假设也不是对于任意参数都是可取的。

2. 位置参数的验前分布

设总体 X 的密度函数具有形式 $p(x-\theta)$,其样本空间和参数空间皆为实数集,这类密度则称为位置参数族,θ 称为位置参数。设想让 X 移动一个量 c,得到 $Y = X + c$,同时让参数 θ 也移动一个量 θ,得到 $\eta = \theta + c$,显然 Y 有密度 $p(y-\eta)$,它仍然是位置参数族的成员,且样本空间与参数空间仍为实数集,因此 (X, θ) 问题与 (Y, η) 问题的统计结构完全相同。因此 θ 与 η 应具有相同的无信息先验分布,即

$$\pi(\theta) = \pi^*(\eta)$$

其中,$\pi^*(\eta)$ 为 η 的无信息先验分布,另外,由变换 $\eta = \theta + c$ 可以算得 η 的无信息先验分布为

$$\pi^*(\eta) = \left| \frac{\mathrm{d}\theta}{\mathrm{d}\eta} \right| \pi(\eta - c) = \pi(\eta - c)$$

其中,$\frac{\mathrm{d}\theta}{\mathrm{d}\eta} = 1$,$\pi(\eta) = \pi(\eta - c)$,取 $\eta = c$,则有

$$\pi(c) = \pi(0) = 常数$$

由于 c 的随意性,通常 θ 的无信息先验分布为 $\pi(\theta) = 1$。

3. 尺度参数的验前分布

设总体 X 的密度函数具有形式 $\frac{1}{\sigma} p\left(\frac{x}{\sigma}\right)$,其中 σ 称为尺度参数,参数空间为正实数,这类密度的全体称为尺度参数族。设想让 X 改变比例尺,即得 $Y = cX\,(c > 0)$,定义 $\eta = c\sigma$,即让参数 σ 同步变化,则 Y 的密度函数为 $\frac{1}{\eta} p\left(\frac{y}{\eta}\right)$,仍属尺度参数族且 (X, σ) 与 (Y, η) 具有相同的样本空间和参数空间,因而有相同的无信息先验分布。令它们分别为 π 和 π^*,于是对任何 $A \in (0, +\infty)$ 有

$$P_\pi(\sigma \in A) = P_{\pi^*} \quad (\eta \in A)$$

这里 $P_\pi(\sigma \in A)$ 表示以 π 作为先验密度时 $\sigma \in A$ 的概率。由于 $\eta = c\sigma$,则

$$P_{\pi^*}(\eta \in A) = P_\pi \quad (\sigma \in c^{-1}A)$$

其中

$$c^{-1}A = \{c^{-1}z : z \in A\}$$

故

$$P_\pi(\sigma \in A) = P_\pi \quad (\sigma \in c^{-1}A)$$

满足这一性质的任何分布密度 π 称为尺度不变的分布密度,于是

$$\int_A \pi(\sigma)\,\mathrm{d}\sigma = \int_{c^{-1}A} \pi(\sigma)\,\mathrm{d}\sigma = \int_A \pi(c^{-1}\sigma)c^{-1}\,\mathrm{d}\sigma$$

由 A 的任意性得

$$\pi(\sigma) = c^{-1}\pi(c^{-1}\sigma)$$

对于一切 σ 成立,取 $c = \sigma$,于是

$$\pi(\sigma) = c^{-1}\pi(1) \propto \frac{1}{\sigma}$$

因此,对于尺度参数 σ 在无信息条件下的密度函数 $\pi(\sigma)$ 可取作

$$\pi(\sigma) \propto \frac{1}{\sigma} \quad (\sigma > 0)$$

3.3.4 共轭先验分布

设 θ 是总体分布中的参数(或参数向量),$\pi(\theta)$ 是 θ 的先验密度函数,假如由抽样信息算得的后验密度函数与 $\pi(\theta)$ 有相同的函数形式,则称 $\pi(\theta)$ 是 θ 的共轭先验分布。

共轭先验分布具有明显的优点————一是计算方便,二是后验分布中的参数可以得到很好的解释,因而共轭先验分布在实际中得到了广泛应用。表 3.2 给出了实际中常用的一些共轭先验分布。

表 3.2　常用共轭先验分布

总体分布	参数	共轭先验分布
二项分布	成功率	贝塔分布 $\mathrm{Be}(\alpha,\beta)$
泊松分布	均值	伽玛分布 $\mathrm{Ga}(\alpha,\lambda)$
指数分布	均值的倒数	伽玛分布 $\mathrm{Ga}(\alpha,\lambda)$
正态分布(方差已知)	均值	正态分布 $N(\mu,\tau^2)$
正态分布(均值已知)	方差	倒伽玛分布 $\mathrm{IGa}(\alpha,\lambda)$

应着重指出的是,共轭先验分布是对某一分布中的参数而言的,如正态均值、正态方差、泊松均值等。离开给定参数及其所在的分布去谈共轭先验分布是没有意义的。

3.4　贝叶斯估计

未知参数 θ 的后验分布 $\pi(\theta \mid x)$ 是集三种信息(总体信息、样本信息和先验信息)于一身的,它包含了 θ 的所有可供利用的信息,所以关于 θ 的点估计、区间估计和假设检验等统计推断都是基于后验分布进行的。这表征了贝叶斯推断只考虑已出现的数据(样本观察值),而认为未出现的数据与推断无关。这与经典统计推断是不同的,如经典统计中的无偏性要求参数估计的期望(平均)值为零,其平均是对所有可能出现的样本而求的,但实际中样本空间中绝大多数样本尚未出现,甚至重复上百次也不会出现的样本也要在评价估计量中占据一席之地显然是片面的。

3.4.1　点估计

θ 是总体分布 $p(x \mid \theta)$ 中的参数,为了估计该参数,可以从该总体随机抽取一个样本 $x = (x_1, x_2, \cdots, x_n)$,同时依据 θ 的先验信息选择一个合理的先验分布 $\pi(\theta)$,再利用贝叶斯公式算得后验分布 $\pi(\theta \mid x)$,这时作为 θ 的估计应用后验分布 $\pi(\theta \mid x)$ 的某个位置特征量,如后验分布的众数、中位数或期望值。下面给出三种常用贝叶斯估计(见图 3.2)定义。

(1)最大后验估计:使后验密度 $\pi(\theta \mid x)$ 达到最大的值 $\hat{\theta}_{\mathrm{MD}}$;

(2)后验中位数估计:后验分布中的中位数 $\hat{\theta}_{\mathrm{Me}}$;

(3)后验期望估计:后验分布的期望值 $\hat{\theta}_{\mathrm{E}}$。

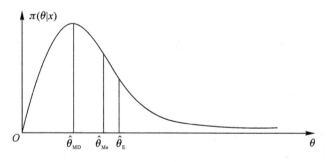

图 3.2　θ 的三种贝叶斯估计

一般情况下,这三种贝叶斯估计是不同的,当后验密度函数对称时,这三种贝叶斯估计重合,使用时可根据实际情况选用其中一个估计,或者说,这三种估计是适合不同的实际需要而沿用至今的。实际应用中,选用哪个估计,需要根据后验均方差来确定,通常是使后验均方差最小的估计为最优。

设参数 θ 的后验分布为 $\pi(\theta \mid x)$,贝叶斯估计为 $\hat{\theta}$,则 $(\theta-\hat{\theta})^2$ 的后验期望

$$\mathrm{MSE}(\hat{\theta} \mid x) = E^{\theta \mid x}(\theta-\hat{\theta})^2$$

称为 $\hat{\theta}$ 的后验均方差,其平方根 $\sqrt{\mathrm{MSE}(\hat{\theta} \mid x)}$ 称为 $\hat{\theta}$ 的后验标准差,$E^{\theta \mid x}$ 表示对条件分布 $\pi(\theta \mid x)$ 求期望。

后验方差(后验均方差)依赖于样本 x,而不依赖于参数 θ,它们都是常数,可以立即使用,而经典统计中估计量的方差常常还依赖于参数 θ,使用时常用估值 $\hat{\theta}$ 去代替 θ,其近似方差才可以应用。另外在计算上,后验方差的计算本质上不会比后验的均值计算更复杂,因为它们都用同一个后验分布计算,而在经典统计中,估计量的方差计算有时还要涉及抽样分布,而寻求抽样分布在经典统计学中常常是一个困难的数学问题,这使得贝叶斯估计具有极大的优良性。

3.4.2　区间估计

设参数 θ 的后验分布为 $\pi(\theta \mid x)$,对给定的样本 x 和概率 $1-\alpha(0<\alpha<1)$,若存在这样的两个统计量——$\hat{\theta}_{\mathrm{L}} = \hat{\theta}_{\mathrm{L}}(x)$ 与 $\hat{\theta}_{\mathrm{U}} = \hat{\theta}_{\mathrm{U}}(x)$,使得

$$P(\hat{\theta}_{\mathrm{L}} \leqslant \theta \leqslant \hat{\theta}_{\mathrm{U}} \mid x) \geqslant 1-\alpha$$

则称区间 $[\hat{\theta}_{\mathrm{L}}, \hat{\theta}_{\mathrm{U}}]$ 为参数 θ 的可信水平为 $1-\alpha$ 的贝叶斯可信区间,或简称为 θ 的 $1-\alpha$ 可信区间。而满足

$$P(\theta \geqslant \hat{\theta}_{\mathrm{L}} \mid x) \geqslant 1-\alpha$$

的 $\hat{\theta}_{\mathrm{L}}$ 称为 θ 的可信水平为 $1-\alpha$(单侧)的可信下限。满足

$$P(\theta \leqslant \hat{\theta}_{\mathrm{U}} \mid x) \geqslant 1-\alpha$$

的 $\hat{\theta}_{\mathrm{U}}$ 称为 θ 的可信水平为 $1-\alpha$(单侧)的可信上限。

这里的可信水平和可信区间与经典统计中的置信水平与置信区间虽然是同类概念,但两者却有着本质差别,主要表现在如下两个方面:

(1)对给定的样本 x 和可信水平 $1-\alpha$ 通过后验分布可求得具体的可信区间,如 θ 的可信水平为 0.9 的可信区间是 $[1.5, 2.6]$,对该区间的物理含义可解释为"θ 属于这个区间的概率为 0.9"或"θ 落入这个区间的概率为 0.9",而对于经典统计中的置信区间不能这么说,因为经典统计认为 θ 是常量,要么在 $[1.5,$ $2.6]$ 区间内,要么在该区间外,不能说"θ 在 $[1.5, 2.6]$ 区间内的概率为 0.9",只能说"在 100 次使用这个置信区间时,大约 90 次能盖住 θ"。这种频率解释对仅

使用一次或两次的人来说毫无意义。相比之下,前者的解释简单、自然,易被人们理解和采用,而实际情况是,很多实际工作者是把求得的置信区间当作可信区间去使用和理解的。

(2)在经典统计中寻求置信区间有时是困难的,因为要构造一个枢轴量(含有被估计参数的随机变量),使它的分布不含未知参数,这一过程在一些情况下是较为困难的,而可信区间只要利用后验分布,不需要再去寻求另外的分布。

第4章 贝叶斯射表技术

4.1 引　　言

随着高新技术武器的迅猛发展,射表编拟所需用弹量受到了限制,为此在武器系统定型时,通常会按照上级机关要求编拟"临时射表",待武器系统装备部队时再编拟正式射表。众所周知,在射表中,最基本的诸元是弹着点到炮口的距离 x(射程),靶场实践证明,对给定的火炮弹药系统,在给定的条件下,x 服从正态分布,x 的密度函数为

$$f(x) = \frac{\rho}{\sqrt{\pi}B} e^{-\frac{\rho^2(x-\mu)^2}{B^2}}, \qquad (\rho = 0.476\ 9)$$

在靶场的兵器试验领域中,称这个正态分布为服从参数 μ, B^2 的正态分布,其中 B 是中间误差,满足下述关系式:

$$P(|X - \mu| \leqslant B) = 0.5$$

由于射程 x 是弹道落点的诸元,因而 μ, B^2 称为弹道参数,弹道参数较多,但这是最基本参数。

在编拟射表时,依精度要求对 x 进行射击抽样试验,通常要在多个仰角下进行射击,每个仰角下射击 3 组,每组 7 发,即可满足精度要求,共消耗弹药 21 发。试验完后,根据这一次试验的 21 发结果,按经典统计学的理论和方法对弹道参数进行点估计和区间估计,这种仅以当前一次试验的 21 发结果为依据的方法,面临贝叶斯统计方法的挑战如下:

(1)验前信息既然存在,而且准确、具体,就应该使用。

(2)使用验前信息是极为重要的,它可以在同一精度要求下减少射表试验的用弹量,或者在相同用弹量下提高射表精度。对于普通弹丸,由于造价便宜,每个仰角下 21 发的耗弹量是可以接受的,但对于造价昂贵的新型兵器,即便是 10 多发,也是很难接受的。

在编拟供部队作战训练使用的正式射表前,有多批数据可在技术档案资料中查到,其中一批数据是定型试验的全部结果,另一批数据是"临时射表"及其有

关资料,且至少有一批被完整地保存着。"临时射表"是以定型试验结果、符合要求的摸底试验结果、补充试验结果以及结合历史经验而编拟的射表。此种射表由于样本量少等原因,在精度上尚不能完全满足要求,其内容也不完整,因而只供在某些急需的条件下参考使用。

显然,"临时射表"信息成为正式射表的验前信息,为了节省弹药,这些验前信息应该被充分利用,而从统计学的角度来讲,"临时射表"中的试验数据与当前试验数据属于不同总体的样本值,不能将它们简单地合并在一起进行处理,而贝叶斯的先验信息理论为解决这一问题提供了重要理论支撑。

4.2　基本思路

在射表中,最基本的诸元是弹着点到炮口的距离,即射程 x ,靶场实践证明,对给定的火炮弹药系统,在给定的条件下,射程 x 服从以平均射程 μ 和公算偏差 B 为参数的正态分布,将平均射程 μ 和公算偏差 B 称为弹道参数。建立贝叶斯射表编拟方法,首先从确定单个参数 μ 和 B^2 的先验分布问题做起,确定出后验分布后,通过贝叶斯统计理论中的最大后验估计法和后验期望估计法,并通过对比其优良性确定出弹道参数应用的贝叶斯估计值,有了可信区间,给出了精度要求,按贝叶斯可信区间理论则可解决样本容量问题,其基本思路可表述为:先对验前数据进行挖掘、分析、整理,获得准确、具体结果,其中一部分用于估计 $E(B^2)$, $D(B^2)$ 并应用估计结果反求 B^2 的验前分布中的参数,另一部分可直

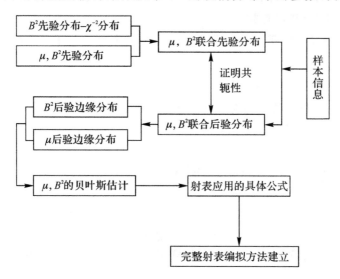

图 4.1　总体思路方框图

接用于最终结果中。射表试验用弹量的确定,则按照理论公式,采用"试差法"求得。射表编拟技术中的"符合计算"则在标准射击条件下进行,因为验前数据已是标准化后的结果。

根据上述结果,就可以建立一套在贝叶斯统计观点下、理论根据充分、切实易行的贝叶斯射表编拟技术,图 4.1 大致描述了上述思想。

4.3 弹道参数的分布

4.3.1 弹道参数的先验分布

结合武器系统鉴定试验的实际问题,对于弹道参数 μ, B^2 的先验分布,决定采用共轭先验分布法,一方面若先验分布为共轭的,则其后验分布属于同一类型,这一点使得在共轭先验分布之下,贝叶斯推断问题的处理比较容易、计算方便、后验分布的参数可以得到很好的解释等优点;另一方面,当前试验提供的样本信息是主要的,这要求由先验分布提供的信息与当前靶场试验样本给出的信息结合到一起后,不能改变参数总的分布规律,又由于试验可能进行多次,下一次试验可以用上一次的后验分布作为先验分布。

定义 4.1 设 θ 是总体分布中的参数(或参数向量),$\pi(\theta)$ 是 θ 的先验密度函数,假如由抽样信息算得的后验密度函数与 $\pi(\theta)$ 有相同的函数形式,则称 $\pi(\theta)$ 是 θ 的(自然)共轭先验分布。

为确定 μ 和 B^2 的联合共轭先验密度,必须先确定 μ 和 B^2 单个共轭先验密度。

1.确定 B^2 的共轭先验分布

确定参数 B^2 的共轭先验分布时要和 χ^2 分布相联系,这基于以下三种考虑:

(1)由于射程 x 是正态变量,故有

$$\left[\frac{x-\mu}{\frac{B}{\sqrt{2}\rho}}\right]^2 \sim \chi^2(1), \quad [2\rho^2 (x-\mu)^2](B^2)^{-1} \sim \chi^2(1)$$

因而

$$(B^2)^{-1} \sim \chi^2(1)$$

这样,B^2 的先验分布与 χ^2 分布相联系,容易理解、直观、应用方便。

(2)因为 $B = \sqrt{2}\rho\sigma$,取 σ 为样本均方差 S ,则

$$B = \sqrt{2}\rho\sqrt{\frac{\sum\limits_{i=1}^{n}(x_i - \overline{x})^2}{n-1}} = \sqrt{2}\rho S = \sqrt{2}\rho\frac{\sigma_0}{\sqrt{n-1}}\left(\frac{\sqrt{n-1}S}{\sigma_0}\right)$$

式中：σ_0 为总体 x 的实际均方差。

由抽样理论有

$$\left(\frac{\sqrt{n-1}S}{\sigma_0}\right)^2 \sim \chi^2_{(n-1)}$$

所以

$$B^2 \sim \chi^2_{(n-1)}$$

（3）一般情况下，正态分布的方差应用倒伽玛分布，而参数通过二次变换可把倒伽玛分布转换为 χ^2 分布

1）若 $\theta \sim \mathrm{IGa}(\alpha+\gamma,\ \beta+S_r)$，则 $\theta^{-1} \sim \mathrm{Ga}(\alpha+\gamma,\ \beta+S_r)$；

2）若　　　　　　$\theta^{-1} \sim \mathrm{Ga}(\alpha+\gamma,\ \beta+S_r)$，　　$c > 0$

则　　　　　　　　$c\theta^{-1} \sim \mathrm{Ga}(\alpha+\gamma,\ (\beta+S_r)/c)$

3）若 c 取 $2(\beta+S_r)$，则

$$2(\beta+S_r)\theta^{-1} \sim \mathrm{Ga}\left(\alpha+\gamma,\frac{1}{2}\right) = \chi^2(2(\alpha+\gamma))$$

综上所述，对 B^2 的先验分布可考虑用逆卡方（χ^{-2}）分布，图 4.2 是一卡方（χ^{-2}）分布密度函数图。

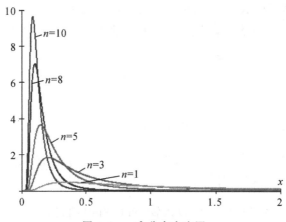

图 4.2　χ^{-2} 分布密度图

从图中可以看出，对不同的自由度 n，这个先验分布类还是足够大的，用它概括 B^2 的先验信息是合理的。可以证明，它具有共轭性，这就解决了 B^2 共轭先验分布的确定问题。

下面推导弹道参数 B^2 的密度函数。

引理 4.1 设 ξ 为自由度为 v_0 的 χ^2 变量,其密度函数为

$$f(x) = \frac{1}{2^{\frac{v_0}{2}}\Gamma\left(\frac{v_0}{2}\right)} x^{\frac{v_0}{2}-1} e^{-\frac{x}{2}} \quad (v_0 \text{ 为正整数}, 0 < x < \infty) \tag{4.1}$$

则变量 $\eta = \dfrac{1}{\xi}$ 的密度为

$$g(y) = \frac{1}{2^{\frac{v_0}{2}}\Gamma\left(\frac{v_0}{2}\right)} y^{-\frac{v_0}{2}-1} e^{-\frac{1}{2}y^{-1}} \quad (0 < y < \infty) \tag{4.2}$$

证明: 因为 $\xi > 0$,故 $\eta = \dfrac{1}{\xi} > 0$,显然 ξ, η 是 $1-1$ 变换,又因为

$$\frac{\mathrm{d}\xi}{\mathrm{d}\eta} = -\frac{1}{\eta^2}$$

所以 η 的密度函数为

$$g(y) = f\left(\frac{1}{y}\right)\frac{1}{y^2} = \frac{1}{2^{\frac{v_0}{2}}\Gamma\left(\frac{v_0}{2}\right)} y^{-\frac{v_0}{2}-1} e^{-\frac{1}{2}y^{-1}} \quad (0 < y < \infty)$$

由此引理,可以确定出 B^2 的先验密度为

$$\pi_1(B^2) = \frac{(KS_0)^{\frac{v_0}{2}}}{2^{\frac{v_0}{2}}\Gamma\left(\frac{v_0}{2}\right)} (B^2)^{-\frac{v_0}{2}-1} e^{\frac{KS_0}{2B^2}} \quad (0 < B^2 < \infty)$$

式中: S_0 为未知参数; $K = 2\rho^2$; S_0, v_0 为待定参数。

事实上,若设 $\sigma^2 = S_0 \eta$,则 σ^2 的密度函数为

$$g_1(\sigma^2) = \frac{S_0^{\frac{v_0}{2}}}{2^{\frac{v_0}{2}}\Gamma\left(\frac{v_0}{2}\right)} (\sigma^2)^{-\frac{v_0}{2}-1} e^{-\frac{S_0}{2\sigma^2}} \quad (0 < \sigma^2 < \infty) \tag{4.3}$$

再设 $B^2 = K\sigma^2$,易知 B^2 的密度函数为

$$\pi_1(B^2) = \frac{(KS_0)^{\frac{v_0}{2}}}{2^{\frac{v_0}{2}}\Gamma\left(\frac{v_0}{2}\right)} (B^2)^{-\frac{v_0}{2}-1} e^{\frac{KS_0}{2B^2}} \quad (0 < B^2 < \infty) \tag{4.4}$$

将式(4.3)、式(4.4)与式(4.2)比较,可以看出,它们与式(4.2)仅差一个常数因子 S_0 和 KS_0,若取 $KS_0 = 1$,则三个式子完全一致,因此,为应用上的方便,今后将它们都统称为逆 χ^2 分布的密度,并记为 $\eta \sim \chi^{-2}(v_0)$, $\sigma^2 \sim \chi^{-2}(v_0, S_0)$, $B^2 \sim \chi^{-2}(v_0, KS_0)$,定义 $\eta \sim \chi^{-2}(v_0)$ 为标准的逆 χ^2 分布。

定理 4.1 设样本 $x = (x_1, x_2, \cdots, x_n)$ 对参数 B^2 的条件分布密度为 $p(x \mid B^2)$,则先验分布 $\pi_1(B^2)$ 是 $p(x \mid B^2)$ 的共轭分布。

证明:先推导参数 B^2 的后验密度 $h(B^2 \mid x)$,按共轭性的定义,只要证明 $h(B^2 \mid x)$ 与 $\pi_1(B^2)$ 属同一分布类型即可。

设 $x = (x_1, x_2, \cdots, x_n)$ 是来自正态总体 x 的一个样本,则样本对 B^2 的条件密度为

$$p(x \mid B^2) = \left(\frac{1}{\sqrt{\pi}} \frac{\rho}{B}\right)^n \exp\left\{-\frac{\rho^2}{B^2} \sum (x_i - \mu)^2\right\}$$

因为 B^2 的先验密度为

$$\pi_1(B^2) = \frac{(KS_0)^{\frac{v_0}{2}}}{2^{\frac{v_0}{2}} \Gamma\left(\frac{v_0}{2}\right)} (B^2)^{-\frac{v_0}{2}-1} e^{-\frac{KS_0}{2B^2}} \quad (0 < B^2 < \infty)$$

根据贝叶斯公式,则有

$$
\begin{aligned}
h(B^2 \mid x) &= \frac{\pi_1(B^2) p(x \mid B^2)}{\displaystyle\int_0^\infty \pi_1(B^2) p(x \mid B^2) \mathrm{d}B^2} \\
&= \frac{(B^2)^{-\frac{n+v_0}{2}-1} \exp\left\{-\frac{1}{B^2}\left[\rho^2 \sum (x_i - \mu)^2 + \frac{KS_0}{2}\right]\right\}}{\displaystyle\int_0^\infty (B^2)^{-\frac{n+v_0}{2}-1} \exp\left\{-\frac{1}{B^2}\left[\rho^2 \sum (x_i - \mu)^2 + \frac{KS_0}{2}\right]\right\} \mathrm{d}B^2}
\end{aligned}
$$

令
$$y = \frac{1}{B^2}$$

则
$$\mathrm{d}B^2 = -\frac{1}{y^2}\mathrm{d}y$$

故 $h(B^2 \mid x) =$

$$= \frac{y^{\frac{n+v_0}{2}+1} \exp\left\{-y\left[\rho^2 \sum (x_i - \mu)^2 + \frac{KS_0}{2}\right]\right\}}{\displaystyle\int_\infty^0 y^{\frac{n+v_0}{2}+1} \exp\left\{-y\left[\rho^2 \sum (x_i - \mu)^2 + \frac{KS_0}{2}\right]\right\} \left(-\frac{1}{y^2}\right) \mathrm{d}y}$$

$$= \frac{\left[\dfrac{2\rho^2 \sum (x_i - \mu)^2 + KS_0}{B^2}\right]^{\frac{n+v_0}{2}+1} \exp\left[-\dfrac{1}{2} \times \dfrac{2\rho^2 \sum (x_i - \mu)^2 + KS_0}{B^2}\right]}{\left[2\rho^2 \sum (x_i - \mu)^2 + KS_0\right] 2^{\frac{n+v_0}{2}} \Gamma\left(\dfrac{n + v_0}{2}\right)}$$

令
$$\frac{1}{y} = \frac{2\rho^2 \sum (x_i - \mu)^2 + KS_0}{B^2}$$

则

$$h(B^2 \mid x) = \frac{1}{\left[2\rho^2 \sum (x_i - \mu)^2 + KS_0\right]} \frac{1}{2^{\frac{n+v_0}{2}}} \frac{1}{\Gamma\left(\dfrac{n + v_0}{2}\right)} y^{-\frac{n+v_0}{2}-1} e^{-\frac{1}{2y}}$$

$$\tag{4.5}$$

记 $\qquad \Sigma = 2\rho^2 \sum (x_i - \mu)^2 + KS_0$

则上式所表示的 B^2 的后验分布可写成

$$h(B^2 \mid x) = \frac{\Sigma^{\frac{n+v_0}{2}}}{2^{\frac{n+v_0}{2}} \Gamma\left(\dfrac{n+v_0}{2}\right)} (B^2)^{-\frac{n+v_0}{2}-1} e^{-\frac{\Sigma}{2B^2}}$$

因 Σ 是常数,由逆 χ^2 分布的定义,$h(B^2 \mid x)$ 仍为逆 χ^2 分布,即

$$h(B^2 \mid x) \sim \chi^{-2}(n+v_0, \Sigma)$$

证毕。

2.确定 μ 的共轭先验分布

对参数 μ,当 B^2 已知时,依参考文献[1],选用正态分布作为先验分布,通过数学证明也是共轭的,进而又分析了参数 B 不同,样本不同时,这个分布的变化规律,如图 4.3~图 4.5 所示。

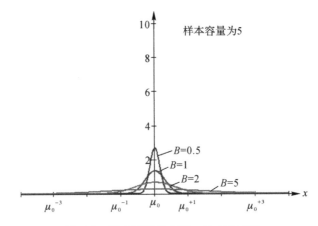

图 4.3 样本容量为 5 时 μ 的先验密度

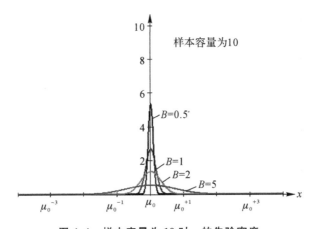

图 4.4 样本容量为 10 时 μ 的先验密度

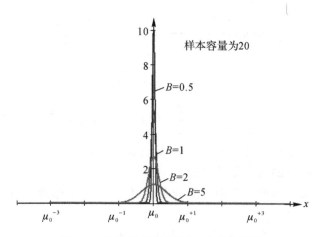

图 4.5　样本容量为 20 时 μ 的先验密度

从图中看出，这个先验分布类也还是足够大的，这进一步说明用它来概括 μ 的先验信息是合理的。

定理 4.2　若 B^2 已知，样本 $x = (x_1, x_2, \cdots, x_n)$，取 μ 的先验分布为正态分布，密度为

$$\pi_2(\mu) = \sqrt{\frac{n_0}{\pi}} \frac{\rho}{B} \exp\left[-\frac{n_0 \rho^2}{B^2} (\mu - \mu_0)^2 \right]$$

则 $\pi_2(\mu)$ 是共轭先验分布。

证明： 设 $x = (x_1, x_2, \cdots, x_n)$ 是来自正态总体 x 的一个样本，B^2 已知，则样本对参数 μ 的条件密度为

$$f(x \mid \mu) = \left(\frac{1}{\sqrt{\pi}} \frac{\rho}{B} \right)^n \exp\left[-\frac{\rho^2}{B^2} \sum (x_i - \mu)^2 \right]$$

又因为

$$\pi_2(\mu) = \sqrt{\frac{n_0}{\pi}} \frac{\rho}{B} \exp\left[-\frac{n_0 \rho^2}{B^2} (\mu - \mu_0)^2 \right]$$

由贝叶斯公式，μ 的后验分布为

$$h_2(\mu \mid x) = \frac{\pi_2(\mu) f(x \mid \mu)}{\int \pi_2(\mu) f(x \mid \mu) \mathrm{d}\mu}$$

将 $\pi_2(\mu)$，$f(x \mid \mu)$ 代入上式，并令

$$k_2 = k_1 \exp\left[\frac{n_0 \mu_0^2 + \sum x_i^2}{n + n_0} - \left(\frac{n\bar{x} + n_0 \mu_0}{n + n_0} \right)^2 \right] \left[-\frac{\rho^2}{B^2} (n + n_0) \right]$$

$$k_1 = \sqrt{n_0} \left(\frac{1}{\sqrt{\pi}} \frac{\rho}{B} \right)^{n+1}$$

则上式可写成

$$h_2(\mu \mid x) = \frac{k_2 \exp\left[-\dfrac{\rho^2}{B^2}(n+n_0)\left(\mu - \dfrac{\overline{nx} + n_0\mu_0}{n+n_0}\right)^2\right]}{\dfrac{k_2 B}{\rho}\sqrt{\dfrac{\pi}{n+n_0}}}$$

$$= \frac{\rho}{B}\sqrt{\frac{n+n_0}{\pi}}\exp\left[-\frac{\rho^2}{B}(n+n_0)\left(\mu - \frac{\overline{nx} + n_0\mu_0}{n+n_0}\right)^2\right] \quad (4.6)$$

可见，μ 的后验分布也为正态分布，故共轭性得证。

3. 确定 B^2 和 μ 的联合先验分布

确定出 B^2 和 μ 的单个共轭先验分布后，依统计学基础理论，可以确定出 B^2 和 μ 的联合先验分布。

由于 B^2 和 μ 的单个先验密度已经确定，记 $\pi(\mu, B^2)$ 为它们的联合先验密度，则

$$\pi(\mu, B^2) = \pi_1(B^2)\pi_2(\mu \mid B^2)$$

$$= \frac{(KS_0)^{\frac{v_0}{2}}\sqrt{n_0}\,\rho}{2^{\frac{v_0}{2}}\sqrt{\pi}\,\Gamma\left(\dfrac{v_0}{2}\right)}(B^2)^{-\frac{v_0+1}{2}-1}\exp\left\{-\frac{\rho^2}{B^2}\left[S_0 + n_0(\mu - \mu_0)^2\right]\right\}$$

记

$$A = \frac{(KS_0)^{\frac{v_0}{2}}\sqrt{n_0}\,\rho}{2^{\frac{v_0}{2}}\sqrt{\pi}\,\Gamma\left(\dfrac{v_0}{2}\right)} = \frac{K^{\frac{v_0+1}{2}}S_0^{\frac{v_0}{2}}\sqrt{n_0}}{2^{\frac{v_0+1}{2}}\sqrt{\pi}\,\Gamma\left(\dfrac{v_0}{2}\right)}$$

则上式可写成

$$\pi(\mu, B^2) = A(B^2)^{-\frac{v_0+1}{2}-1}\exp\left\{-\frac{\rho^2}{B^2}\left[S_0 + n_0(\mu - \mu_0)^2\right]\right\}$$

$$= A(B^2)^{-\frac{v_0+1}{2}-1}\exp\left\{-\frac{K}{2B^2}\left[S_0 + n_0(\mu - \mu_0)^2\right]\right\} \quad (4.7)$$

式(4.7)即是 μ, B^2 的联合先验密度。

4.3.2 弹道参数的后验分布

先验分布是反映人们在抽样前对参数的认识，后验分布是反映人们在抽样后对参数的认识，它们之间的差异是由于样本出现后人们对参数认识的一种调整，所以后验分布可以看作人们用总体信息和样本信息对先验分布作调整的结果。为了导出后验分布，需确定样本对参数的条件密度。

1. 样本对弹道参数 μ, B^2 的条件密度

假设样本 $x = (x_1, x_2, \cdots, x_n)$ 为来自总体 x 的简单随机样本，则样本 $x =$

$(x_1, x_2, \cdots, x_n)$ 与总体 x 同分布,且诸 x_i 相互独立,已知 x 服从正态分布,即

$$f(x) = \frac{\rho}{\sqrt{\pi} B} \exp\left[-\frac{\rho^2 (x-\mu)^2}{B^2}\right] \qquad (\rho = 0.476\ 9)$$

因而 $x = (x_1, x_2, \cdots, x_n)$ 的联合密度函数为

$$p(x \mid \mu, B^2) = \prod_{i=1}^{n} \left\{ \frac{\rho}{\sqrt{\pi} B} \exp\left[-\frac{\rho^2 (x_i - \mu)^2}{B^2}\right] \right\}$$

$$= \rho^n (\pi B^2)^{-\frac{n}{2}} \exp\left\{ -\frac{\rho^2}{B^2} [S + n (\mu - \overline{x})^2] \right\} \qquad (4.8)$$

式中

$$\overline{x} = \frac{1}{n} \sum_{i=1}^{n} x_i, \ S = \sum_{i=1}^{n} (x_i - \overline{x})^2$$

式(4.8)即是样本 $x = (x_1, x_2, \cdots, x_n)$ 对 μ, B^2 的条件密度。

2. 弹道参数 μ, B^2 的联合后验密度

导出了 μ, B^2 的联合先验密度 $\pi(\mu, B^2)$ 和条件密度 $p(x \mid \mu, B^2)$ 后,根据贝叶斯公式可直接写出 μ, B^2 的联合后验密度,即

$$h(\mu, B^2 \mid x) \propto \pi(\mu, B^2) p(x \mid \mu, B^2) \cdot \propto (B^2)^{-\frac{v_0 + 1}{2} - 1}$$

$$\exp\left\{ -\frac{\rho^2}{B^2} [S_0 + n_0 (\mu - \mu_0)^2] \right\} \cdot (B^2)^{-\frac{n}{2}} \exp\left\{ -\frac{\rho^2}{B^2} [S + n (\mu - \overline{x})^2] \right\}$$

$$= (B^2)^{-\frac{v_0 + n + 1}{2} - 1} \exp\left\{ -\frac{\rho^2}{B^2} [S + S_0 + n_0 (\mu - \mu_0)^2 + n (\mu - \overline{x})^2] \right\} \quad (4.9)$$

3. 联合先验密度 $\pi(\mu, B^2)$ 的共轭性

从联合后验密度式(4.9)中,并不能直接看出它与式(4.7)属同一分布类型,另外,前面在推导单个先验密度时,虽然证明了单个密度的共轭性问题,但这并不能说明联合先验分布的共轭性质,需要进一步讨论。

定理 4.3 设样本 $x = (x_1, x_2, \cdots, x_n)$ 为来自总体 x 的简单随机样本,它对参数 μ, B^2 的条件密度为

$$p(x \mid \mu, B^2) = \rho^n (\pi B^2)^{-\frac{n}{2}} \exp\left\{ -\frac{\rho^2}{B^2} [S + n (\mu - \overline{x})^2] \right\}$$

则 μ, B^2 的联合先验分布

$$\pi(\mu, B^2) = A (B^2)^{-\frac{v_0 + 1}{2} - 1} \exp\left\{ -\frac{K}{2B^2} [S_0 + n_0 (\mu - \mu_0)^2] \right\}$$

是 $p(x \mid \mu, B^2)$ 的共轭分布。

其中

$$A = \frac{(KS_0)^{\frac{v_0}{2}} \sqrt{n_0} \rho}{2^{\frac{v_0}{2}} \sqrt{\pi} \Gamma\left(\frac{v_0}{2}\right)} = \frac{K^{\frac{v_0 + 1}{2}} S_0^{\frac{v_0}{2}} \sqrt{n_0}}{2^{\frac{v_0 + 1}{2}} \sqrt{\pi} \Gamma\left(\frac{v_0}{2}\right)}$$

证明:依据共轭先验分布的定义,证明 μ, B^2 联合先验分布的共轭行即是证

明式(3.9)与式(4.7)属同一分布类型。事实上

$$S + S_0 + n_0 (\mu - \mu_0)^2 + n (\mu - \overline{x})^2$$

$$= S + S_0 + \frac{n_0 n (\mu_0 - \overline{x})^2}{n_0 + n} + (n + n_0) \left(\mu - \frac{n_0 \mu_0 + n \overline{x}}{n_0 + n} \right)^2 \quad (4.10)$$

记

$$n_1 = n + n_0$$

$$S_1 = S + S_0 + \frac{n_0 n (\mu_0 - \overline{x})^2}{n_0 + n} = S + S_0 + \frac{m n_0 (\mu_0 - \overline{x})^2}{n_1}$$

$$\mu_1 = \frac{n_0 \mu_0 + n \overline{x}}{n_0 + n} = \frac{1}{n_1} (n_0 \mu_0 + n \overline{x})$$

则式(4.10)可写为

$$S + S_0 + n_0 (\mu - \mu_0)^2 + n (\mu - \overline{x})^2 = S_1 + n_1 (\mu - \mu_1)^2 \quad (4.11)$$

记

$$v_1 = v_0 + n$$

则式(4.9)可写为

$$h(\mu, B^2 \mid x) \propto (B^2)^{-\frac{v_1 + 1}{2} - 1} \exp \left\{ - \frac{\rho^2}{B^2} [S_1 + n_1 (\mu - \mu_1)^2] \right\} \quad (4.12)$$

式(4.12)与式(4.7)相比,易见二者属同一分布类型。由密度函数的性质可推导出式(4.12)的常数因子为

$$C = \frac{(K S_1)^{\frac{v_1}{2}} \sqrt{n_1} \rho}{2^{\frac{v_1}{2}} \sqrt{\pi} \Gamma \left(\frac{v_1}{2} \right)} = \frac{K^{\frac{v_1 + 1}{2}} S_1^{\frac{v_1}{2}} \sqrt{n_1}}{2^{\frac{v_1 + 1}{2}} \sqrt{\pi} \Gamma \left(\frac{v_1}{2} \right)}$$

至此即证明了联合先验分布的共轭性。

4.3.3 弹道参数的后验边缘分布

导出了 μ, B^2 的联合后验密度后,可推导出这两个参数的分布密度,即 μ, B^2 的后验边缘分布。

(1)求 μ 的后验边缘密度。由定义有

$$q_1(\mu \mid x) = \int_0^\infty h(\mu, B^2 \mid x) \mathrm{d} B^2$$

$$= \int_0^\infty C (B^2)^{-\frac{v_1 + 1}{2} - 1} \exp \left\{ - \frac{\rho^2}{B^2} [S_1 + n_1 (\mu - \mu_1)^2] \right\} \mathrm{d} B^2 \quad (4.13)$$

令

$$C_1 = 2\rho^2 [S_1 + n_1 (\mu - \mu_1)^2]$$

则式(4.13)可写成

$$q_1(\mu \mid x) = \int_0^\infty C (B^2)^{-\frac{v_1 + 1}{2} - 1} \exp \left(- \frac{C_1}{2B^2} \right) \mathrm{d} B^2 \quad (4.14)$$

作变换

$$y = \frac{B^2}{C_1}$$

则

$$q_1(\mu \mid x) = \int_0^\infty C\,(C_1 y)^{-\frac{v_1+1}{2}-1} \exp\left(-\frac{1}{2y}\right) C_1\,\mathrm{d}y$$

$$= CC_1{}^{-\frac{v_1+1}{2}} 2^{\frac{v_1+1}{2}} \Gamma\left(\frac{v_1+1}{2}\right) \int_0^\infty \frac{1}{2^{\frac{v_1+1}{2}} \Gamma\left(\frac{v_1+1}{2}\right)} y^{-\frac{v_1+1}{2}-1} \mathrm{e}^{-\frac{1}{2y}}\,\mathrm{d}y$$

$$(4.15)$$

注意到积分号内的被积函数是自由度为 v_1+1 的 χ^{-2} 分布，于是有

$$q_1(\mu \mid x) = CC_1{}^{-\frac{v_1+1}{2}} 2^{\frac{v_1+1}{2}} \Gamma\left(\frac{v_1+1}{2}\right)$$

$$= \frac{\sqrt{n_1}\,S_1^{\frac{v_1}{2}} \Gamma\left(\frac{v_1+1}{2}\right)}{\sqrt{\pi}\,\Gamma\left(\frac{v_1}{2}\right)} \left[S_1 + n_1\,(\mu-\mu_1)^2\right]^{-\frac{v_1+1}{2}} \quad (-\infty < \mu < +\infty)$$

$$(4.16)$$

若令 $S_C'^2 = \frac{S_1}{v_1}$，则式(4.16)可写为

$$q_1(\mu \mid x) = \frac{\sqrt{n_1}\,(v_1 S_C'^2)^{\frac{v_1}{2}} \Gamma\left(\frac{v_1+1}{2}\right)}{\sqrt{\pi}\,\Gamma\left(\frac{v_1}{2}\right)} \left[v_1 S_C'^2 + n_1\,(\mu-\mu_1)^2\right]^{-\frac{v_1+1}{2}}$$

$$= \frac{\sqrt{n_1}\,\Gamma\left(\frac{v_1+1}{2}\right)}{\sqrt{\pi v_1}\,S_C'\,\Gamma\left(\frac{v_1}{2}\right)} \left[1 + \frac{1}{v_1}\left(\frac{\mu-\mu_1}{\frac{S_C'}{\sqrt{n_1}}}\right)^2\right]^{-\frac{v_1+1}{2}} \quad (4.17)$$

式(4.17)即是 μ 的后验边缘密度函数，如图 4.6 所示。

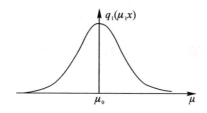

图 4.6 μ 的后验密度函数

(2)求 B^2 的后验边缘密度函数。由定义有

$$q_2(B^2 \mid x) = \int_{-\infty}^{+\infty} h(\mu, B^2 \mid x)\,\mathrm{d}\mu$$

$$= C(B^2)^{-\frac{v_1+1}{2}-1} \exp\left(-\frac{\varrho^2 S_1}{B^2}\right) \frac{\sqrt{\pi}B}{\sqrt{n_1}\varrho} \int_{-\infty}^{+\infty} \frac{\sqrt{n_1}\varrho}{\sqrt{\pi}B} \exp\left[-\frac{n_1\varrho^2}{B^2}(\mu-\mu_1)^2\right]\mathrm{d}\mu$$

$$(4.18)$$

即

$$q_2(B^2 \mid x) = C(B^2)^{-\frac{v_1+1}{2}-1} \exp\left(-\frac{\varrho^2 S_1}{B^2}\right) \frac{\sqrt{\pi}B}{\sqrt{n_1}\varrho}$$

$$= \frac{(KS_1)^{\frac{v_1}{2}}}{2^{\frac{v_1}{2}}\Gamma\left(\frac{v_1}{2}\right)}(B^2)^{-\frac{v_1}{2}-1}\exp\left(-\frac{KS_1}{2B^2}\right) \qquad (4.19)$$

由前述 χ^{-2} 分布的定义可知,式(4.19)即是 $\chi^{-2}(v_1, KS_1)$,至此推导出了关于 μ, B^2 的后验边缘密度,如图 4.7 所示。

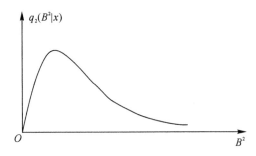

图 4.7　B^2 的后验边缘密度函数

4.3.4　逆卡方(χ^{-2})分布分位数表的编制

为应用方便,需编制 χ^{-2} 分布的上侧分位数表。

定义 4.2:设 $\eta \sim \chi^{-2}(v)$,对给定的 $\alpha(0 < \alpha < 1)$,称满足

$$P\{\eta > \chi_\alpha^{-2}(v)\} = \int_{\chi_\alpha^{-2}}^{\infty} \frac{1}{2^{\frac{v}{2}}\Gamma\left(\frac{v}{2}\right)} y^{-\frac{v}{2}-1} \mathrm{e}^{-\frac{1}{2y}}\mathrm{d}y \qquad (4.20)$$

的点 $\chi_\alpha^{-2}(v)$ 为 χ^{-2} 分布的上侧 α 分位数。该分位数可由 χ^2 分布的分位数换算求出。

令

$$x = \frac{1}{y}, \quad \mathrm{d}y = -\frac{1}{x^2}\mathrm{d}x$$

则式(4.20)变为

$$\int_0^{\frac{1}{\chi_\alpha^{-2}}} \frac{1}{2^{\frac{v}{2}} \Gamma\left(\frac{v}{2}\right)} x^{\frac{v}{2}-1} e^{-\frac{x}{2}} \mathrm{d}x = \alpha \tag{4.21}$$

等价于

$$\int_{\frac{1}{\chi_\alpha^{-2}}}^\infty \frac{1}{2^{\frac{v}{2}} \Gamma\left(\frac{v}{2}\right)} x^{\frac{v}{2}-1} e^{-\frac{x}{2}} \mathrm{d}x = 1-\alpha$$

积分号下恰是 χ^2 分布的密度函数,以 v,$1-\alpha$ 查 χ^2 分布的分位数 $\chi_{1-\alpha}^2$,故

$$\frac{1}{\chi_\alpha^{-2}(v)} = \chi_{1-\alpha}^2(v)$$

$$\chi_\alpha^{-2}(v) = \frac{1}{\chi_{1-\alpha}^2(v)} \tag{4.22}$$

例如,$\alpha = 0.05$,$1-\alpha = 0.95$,$v = 30$,查 χ^2 分布分位数表得 $\chi_{0.95}^2(30) = 18.49$,故 $\chi_{0.05}^{-2}(30) = \dfrac{1}{18.49} = 0.054$。

为了应用方便,本书附录给出了换算后的 χ^{-2} 分布分位数表。

4.4 弹道参数的贝叶斯估计

弹道参数的估计分为点估计和区间估计,按照贝叶斯观点,参数的贝叶斯估计是建立在后验分布的基础之上的。求贝叶斯点估计的方法有多种,如后验分布的众数、中位数或期望值,一般情况下,这三种贝叶斯估计是不同的,当后验密度函数对称时,这三种贝叶斯估计重合。使用时可根据实际情况选用其中一种估计,也就是说这三种估计是适合不同的实际需要的,根据弹道应用的实际特点,这里采用最常用的最大后验估计和后验期望估计。求贝叶斯区间估计即是在获得参数的后验分布后,计算参数落在某一区间 $[a,b]$ 内的后验概率。

4.4.1 弹道参数的最大后验估计

最大后验估计就是参数的估计值应使后验密度达到最大(后验密度的众数),显然应求使 μ,B^2 的联合后验密度 $h(\mu, B^2 \mid x)$ 达到最大值的参数 μ,B^2,依极值原理有

$$\begin{cases} \dfrac{\partial h(\mu, B^2 \mid x)}{\partial \mu} = 0 \\ \dfrac{\partial h(\mu, B^2 \mid x)}{\partial B^2} = 0 \end{cases}$$

即

$$
\begin{cases}
\dfrac{\partial h}{\partial \mu} = \dfrac{\partial}{\partial \mu}\left\{ C\,(B^2)^{-\frac{v_1+1}{2}-1}\exp\left[-\dfrac{\rho^2}{B^2}\left[S_1+n_1\,(\mu-\mu_1)^2\right]\right]\right\} = 0 \\[3mm]
\dfrac{\partial h}{\partial B^2} = \dfrac{\partial}{\partial B^2}\left\{ C\,(B^2)^{-\frac{v_1+1}{2}-1}\exp\left[-\dfrac{\rho^2}{B^2}\left[S_1+n_1\,(\mu-\mu_1)^2\right]\right]\right\} = 0
\end{cases}
$$

解之得

$$
\left.\begin{aligned}
\hat{\mu} &= \mu_1 \\[2mm]
\hat{B}^2 &= 2\rho^2\,\frac{S_1}{v_1+3}
\end{aligned}\right\} \tag{4.23}
$$

B 的估计值为

$$
\hat{B} = \sqrt{2}\rho\sqrt{\frac{S_1}{v_1+3}} \tag{4.24}
$$

4.4.2　弹道参数的后验期望估计

后验期望估计是用后验分布(这是条件分布)的期望值去估计参数,下面分别求弹道参数 μ 和 B^2 的后验期望估计。

(1) μ 的后验期望估计 $E(\mu\mid x)$。由后验期望定义知,参数 μ 的后验分布期望 $E(\mu\mid x)$ 由 μ 的边缘后验密度 $q_1(\mu\mid x)$ 求得,即

$$
\begin{aligned}
E(\mu\mid x) &= \int_{-\infty}^{\infty}\mu\, q_1(\mu\mid x)\,\mathrm{d}\mu \\[2mm]
&= \int_{-\infty}^{+\infty}\mu\,\frac{\sqrt{n_1}\,\Gamma\left(\dfrac{v_1+1}{2}\right)}{\sqrt{\pi v_1}\,S'_{\mathrm{C}}\,\Gamma\left(\dfrac{v_1}{2}\right)}\left[1+\frac{1}{v_1}\left(\frac{\mu-\mu_1}{\dfrac{S'_{\mathrm{C}}}{\sqrt{n_1}}}\right)^2\right]^{-\frac{v_1+1}{2}}\mathrm{d}\mu
\end{aligned} \tag{4.25}
$$

令

$$
t = \frac{\mu-\mu_1}{\dfrac{S'_{\mathrm{C}}}{\sqrt{n_1}}} \tag{4.26}
$$

则

$$
\mathrm{d}t = \frac{\sqrt{n_1}}{S'_{\mathrm{C}}}\mathrm{d}\mu
$$

式(4.25)变为

$$
E(\mu\mid x) = \int_{-\infty}^{+\infty}\left[\mu_1+\frac{S'_{\mathrm{C}}}{\sqrt{n_1}}t\right]\frac{\Gamma\left(\dfrac{v_1+1}{2}\right)}{\Gamma\left(\dfrac{v_1}{2}\right)}\frac{\sqrt{n_1}}{\sqrt{\pi v_1}\,S'_{\mathrm{C}}}\left[1+\frac{t^2}{v_1}\right]^{-\frac{v_1+1}{2}}\frac{S'_{\mathrm{C}}}{\sqrt{n_1}}\mathrm{d}t
$$

$$= \mu_1 \int_{-\infty}^{+\infty} \frac{\Gamma\left(\dfrac{v_1+1}{2}\right)}{\sqrt{\pi v_1}\,\Gamma\left(\dfrac{v_1}{2}\right)} \left[1+\frac{t^2}{v_1}\right]^{-\frac{v_1+1}{2}} \mathrm{d}t + \frac{S'_{\mathrm{C}}}{\sqrt{n_1}} \int_{-\infty}^{+\infty} t\, \frac{\Gamma\left(\dfrac{v_1+1}{2}\right)}{\sqrt{\pi v_1}\,\Gamma\left(\dfrac{v_1}{2}\right)} \left[1+\frac{t^2}{v_1}\right]^{-\frac{v_1+1}{2}} \mathrm{d}t$$

$$= \mu_1 \times 1 + \frac{S'_{\mathrm{C}}}{\sqrt{n_1}} \times 0 = \mu_1$$

即

$$E(\mu \mid x) = \mu_1 \tag{4.27}$$

$E(\mu \mid x)$ 也可以直接由式(4.16)求得,为此引入引理 4.1。

引理 4.1　若 μ 对样本 $x = (x_1, x_2, \cdots, x_n)$ 的条件密度为

$$q_1(\mu \mid x) = \frac{\sqrt{n_1}\,\Gamma\left(\dfrac{v_1+1}{2}\right)}{\sqrt{\pi v_1}\,S'_{\mathrm{C}}\,\Gamma\left(\dfrac{v_1}{2}\right)} \left[1 + \frac{1}{v_1}\left(\frac{\mu-\mu_1}{\dfrac{S'_{\mathrm{C}}}{\sqrt{n_1}}}\right)^2\right]^{-\frac{v_1+1}{2}}$$

则变量

$$t = \frac{\mu - \mu_1}{\dfrac{S'_{\mathrm{C}}}{\sqrt{n_1}}}$$

服从中心 $t(v_1)$ 分布。

证明:因为 μ, t 是 $1-1$ 变换,且

$$\frac{\partial \mu}{\partial t} = \frac{S'_{\mathrm{C}}}{\sqrt{n_1}}$$

所以变量 t 的密度为

$$\varphi(t \mid x) = q_1(t \mid x) \cdot \frac{\sqrt{n_1}}{S'_{\mathrm{C}}} = \frac{\Gamma\left(\dfrac{v_1+1}{2}\right)}{\sqrt{\pi v_1}\,\Gamma\left(\dfrac{v_1}{2}\right)} \left(1 + \frac{t^2}{v_1}\right)^{-\frac{v_1+1}{2}}$$

这恰是中心 $t(v_1)$ 分布的密度函数,即

$$t = \frac{\mu - \mu_1}{\dfrac{S'_{\mathrm{C}}}{\sqrt{n_1}}} \sim t(v_1) \tag{4.28}$$

由

$$E(t \mid x) = E\left(\frac{\mu-\mu_1}{\dfrac{S'_{\mathrm{C}}}{\sqrt{n_1}}} \,\middle|\, x\right) = 0$$

有
$$E(\mu \mid x) = \mu_1$$

这与式(4.27)的结果完全一致,也和最大后验估计的结果一致。

(2) B^2 的后验期望估计 $E(B^2 \mid x)$。B^2 的后验分布密度函数为 $q_2(B^2 \mid x)$,由后验期望的定义有

$$E(B^2 \mid x) = \int_0^\infty B^2 q_2(B^2 \mid x) \mathrm{d} B^2$$

易得

$$E(B^2 \mid x) = \frac{KS_1}{v_1 - 2} = \frac{2\rho^2 S_1}{v_1 - 2}$$

所以 B^2 的后验期望估计为

$$\hat{B}^2 = \frac{2\rho^2 S_1}{v_1 - 2}$$

而取 B 的后验期望估计为

$$\hat{B} = \sqrt{\frac{2S_1}{v_1 - 2}} \rho \qquad (4.29)$$

4.4.3 最大后验估计与后验期望估计的比较

从上面的结果可以看到,对于 μ,最大后验估计与后验期望估计是一致的,但对 B^2 来说,两者却不一致,那么实际中应采用哪一种估计呢?依据贝叶斯理论,应用后验均方误差作为检验标准,应该选用使后验均方误差达到最小的估计。

定义 4.3 设 B^2 的后验密度为 $q_2(B^2 \mid x)$,贝叶斯估计为 $\hat{B}^2$,则 $(B^2 - \hat{B}^2)^2$ 的后验期望为
$$\mathrm{MSE}(\hat{B}^2 \mid x) = E^{(B^2|x)}(B^2 - \hat{B}^2)^2$$

称 $\mathrm{MSE}(\hat{B}^2 \mid x)$ 为 B^2 的后验均方误差,其平方根 $\sqrt{\mathrm{MSE}(\hat{B}^2 \mid x)}$ 称为 B^2 的后验标准误差。其中记号 $E^{(B^2|x)}$ 表示用条件密度 $q_2(B^2 \mid x)$ 求期望。当 $\hat{B}^2$ 取后验期望估计 $\hat{B}_E^2$ 时,则

$$\mathrm{MSE}(\hat{B}^2 \mid x) = E^{(B^2|x)}(B^2 - \hat{B}_E^2)^2 = \mathrm{Var}(B^2 \mid x)$$

称为 B^2 的后验方差,其平方根 $\sqrt{\mathrm{Var}(B^2 \mid x)}$ 称为 B^2 的后验标准差,后验均方误差和后验方差有如下关系:
$$\mathrm{MSE}(\hat{B}^2 \mid x)$$
$$= E^{(B^2|x)}(B^2 - \hat{B}^2)^2$$

$$= \mathrm{Var}(B^2 \mid x) + 2E^{(B^2 \mid x)}(B^2 - \hat{B}_E^2)(\hat{B}_E^2 - \hat{B}^2) + E(\hat{B}_E^2 - \hat{B}^2)^2$$

因

$$E^{(B^2 \mid x)}(B^2 - \hat{B}_E^2)(\hat{B}_E^2 - \hat{B}^2) = 0$$

所以

$$E^{(B^2 \mid x)}(B^2 - \hat{B}^2)^2 = \mathrm{Var}(B^2 \mid x) + (\hat{B}_E^2 - \hat{B}^2)^2 \tag{4.30}$$

显然,当 $\hat{B}^2$ 取为后验期望均值 $\hat{B}_E^2$ 时,式(4.13)达到最小值,即后验均方误差达到最小,因此实际应用中常采用后验期望估计,后验方差(后验均方误差)只依赖于样本,而不依赖于参数 B^2。

由上述分析可得,弹道参数 μ, B^2 的贝叶斯估计为

$$\left. \begin{array}{l} \hat{\mu} = \dfrac{n_0 \mu + n\,\overline{x}}{n_0 + n} \\[3mm] \hat{B}^2 = \dfrac{2\,\rho^2\,S_1}{v_1 - 2} \end{array} \right\} \tag{4.31}$$

4.4.4 弹道参数的区间估计

定义 4.4 设参数 θ 的后验分布为 $\pi(\theta \mid x)$,对给定的样本 x 和概率 $1 - \alpha$ $(0 < \alpha < 1)$,若存在这样的两个统计量 $\hat{\theta}_L = \hat{\theta}_L(x)$ 和 $\hat{\theta}_U = \hat{\theta}_U(x)$,使得 $P(\hat{\theta}_L \leqslant \theta \leqslant \hat{\theta}_U \mid x) > 1 - \alpha$,则称区间 $[\hat{\theta}_L, \hat{\theta}_U]$ 为参数 θ 的可信水平为 $1 - \alpha$ 的贝叶斯可信区间或简称为 θ 的 $1 - \alpha$ 可信区间。而满足 $P(\theta \geqslant \hat{\theta}_L \mid x) \geqslant 1 - \alpha$ 的 $\hat{\theta}_L$ 称为 θ 的 $1 - \alpha$ (单侧)可信下限,满足 $P(\theta \leqslant \hat{\theta}_U \mid x) \geqslant 1 - \alpha$ 的 $\hat{\theta}_U$ 称为 θ 的 $1 - \alpha$ (单侧)可信上限。

可见,区间估计是基于后验分布的,求得后验密度后,对给定的可信度 $1 - \alpha$,后验区间的取法有很大的随意性(可以求得很多可信区间),哪一个是更好的呢?实际中常用的是等尾可信区间,但它不是最理想的,最理想的可信区间应该是区间长度最短的区间,这个区间集中了后验密度取值尽可能大的点,该区间称为最大后验密度(Highest Posterior Density, HPD)可信区间。

定义 4.5 设参数 θ 的后验分布为 $\pi(\theta \mid x)$,对给定的样本 x 和概率 $1 - \alpha$ $(0 < \alpha < 1)$,若在直线上存在这样一个子集 C,满足下列两个条件:

(1) $P(C \mid x) = 1 - \alpha$;

(2)对任意给定的 $\theta_1 \in C$ 和 $\theta_2 \overline{\in} C$,总有 $\pi(\theta_1 \mid x) \geqslant \pi(\theta_2 \mid x)$,则称 C 为 θ 的可信水平为 $1 - \alpha$ 的最大后验密度可信集,简称为 $(1 - \alpha)$ HPD 可信集,如果 C 是一个区间,则称 C 为 $(1 - \alpha)$ HPD 可信区间。

由定义可见,当后验密度函数 $\pi(\theta \mid x)$ 为单峰时,一般总可以找到 HPD 可

信区间,而当后验密度函数 $\pi(\theta\mid x)$ 为多峰时,可能得到几个互不连接的区间组成的 HPD 可信集,此时应慎重使用共轭先验分布。

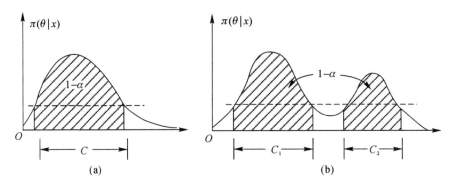

图 4.8　HPD 可信区间与 HPD 可信集

由弹道参数 μ, B^2 的密度函数曲线图 4.6、图 4.7 和图 4.8 可见,μ,B^2 的后验边缘密度都呈单峰形状,故采用最大后验密度(HPD)区间。

(1) μ 的区间估计。因为 t 服从中心 $t(v_1)$ 分布,因此给出可信水平 $1-\alpha$,以 v_1 查 t 分布表可得 $t_{\alpha/2}$,使得

$$P\{-t_{\alpha/2}<t<t_{\alpha/2}\}=1-\alpha$$

即

$$P\left\{\mu_1-\frac{S'_C}{\sqrt{n_1}}t_{\alpha/2}<\mu<\mu_1+\frac{S'_C}{\sqrt{n_1}}t_{\alpha/2}\right\}=1-\alpha$$

故 μ 的可信水平为 $1-\alpha$ 的后验区间估计为

$$\left[\mu_1-\frac{S'_C}{\sqrt{n_1}}t_{\alpha/2},\ \mu_1+\frac{S'_C}{\sqrt{n_1}}t_{\alpha/2}\right] \tag{4.32}$$

(2) B^2 的后验区间估计。由定义,需求两个常数 B_1^2, B_2^2,使其对给定的可信水平 $1-\alpha$(见图 4.9),满足下式:

$$P\{B_1^2<B^2<B_2^2\}=1-\alpha$$

即

$$\int_{B_1^2}^{B_2^2}q_2(B^2\mid x)\mathrm{d}B^2=1-\alpha$$

故有

$$\int_{B_1^2}^{B_2^2}\frac{(KS_1)^{\frac{v_1}{2}}}{2^{\frac{v_1}{2}}\Gamma\left(\frac{v_1}{2}\right)}(B^2)^{-\frac{v_1}{2}-1}\exp\left(-\frac{KS_1}{2B^2}\right)\mathrm{d}B^2=1-\alpha \tag{4.33}$$

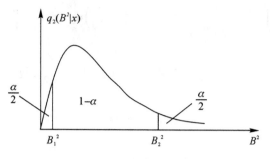

图 4.9　B^2 后验边缘密度图

式(4.33)等价于

$$\int_0^{B_2^2} \frac{(KS_1)^{\frac{v_1}{2}}}{2^{\frac{v_1}{2}}\Gamma\left(\frac{v_1}{2}\right)}\,(B^2)^{-\frac{v_1}{2}-1}\exp\left(-\frac{KS_1}{2B^2}\right)\mathrm{d}B^2 = 1-\frac{\alpha}{2} \tag{4.34}$$

$$\int_0^{B_1^2} \frac{(KS_1)^{\frac{v_1}{2}}}{2^{\frac{v_1}{2}}\Gamma\left(\frac{v_1}{2}\right)}\,(B^2)^{-\frac{v_1}{2}-1}\exp\left(-\frac{KS_1}{2B^2}\right)\mathrm{d}B^2 = \frac{\alpha}{2} \tag{4.35}$$

令

$$y = \frac{B^2}{KS_1},\quad \mathrm{d}y = \frac{1}{KS_1}\mathrm{d}B^2$$

则式(4.34)变为

$$\int_0^{\frac{B_2^2}{KS_1}} \frac{1}{2^{\frac{v_1}{2}}\Gamma\left(\frac{v_1}{2}\right)}y^{-\frac{v_1}{2}-1}\exp\left(-\frac{1}{2y}\right)\mathrm{d}y = 1-\frac{\alpha}{2}$$

即

$$\int_{\frac{B_2^2}{KS_1}}^{\infty} \frac{1}{2^{\frac{v_1}{2}}\Gamma\left(\frac{v_1}{2}\right)}y^{-\frac{v_1}{2}-1}\exp\left(-\frac{1}{2y}\right)\mathrm{d}y = \frac{\alpha}{2}$$

此式积分号下恰是 $\chi^{-2}(v_1)$ 分布的密度函数,以自由度 v_1 , $\frac{\alpha}{2}$ 查附录得 $\chi_{\alpha/2}^{-2}$,故

$$\frac{B_2^2}{KS_1} = \chi_{\alpha/2}^{-2}$$

所以

$$B_2^2 = KS_1\chi_{\alpha/2}^{-2} \tag{4.36}$$

同理对式(4.34)有

$$\int_{\frac{B_1^2}{KS_1}}^{\infty} \frac{1}{2^{\frac{v_1}{2}}\Gamma\left(\frac{v_1}{2}\right)} y^{-\frac{v_1}{2}-1}\exp\left(-\frac{1}{2y}\right)\mathrm{d}y = 1 - \frac{\alpha}{2}$$

用自由度 v_1，$1 - \frac{\alpha}{2}$ 查 χ^{-2} 分布分位数表得 $\chi_{1-\alpha/2}^{-2}$，故

$$\frac{B_1^{\ 2}}{kS_1} = \chi_{1-\alpha/2}^{-2}$$

所以

$$B_1^2 = KS_1\chi_{1-\alpha/2}^{-2}$$

因此 B^2 的可信水平为 $1-\alpha$ 的后验区间估计为

$$(KS_1\chi_{1-\alpha/2}^{-2},\ KS_1\chi_{\alpha/2}^{-2})$$

B 的可信水平为 $1-\alpha$ 的后验区间估计为

$$\left(\sqrt{KS_1\chi_{1-\alpha/2}^{-2}},\ \ \sqrt{KS_1\chi_{\alpha/2}^{-2}}\right) \tag{4.37}$$

例如：$v_1 = 35$，$S_1 = 1\ 309$，$1-\alpha = 0.95$，分别以 $\frac{\alpha}{2} = 0.025$ 和 $1 - \frac{\alpha}{2} = 0.975$ 查附录得

$$\chi_{0.025}^{-2} = 0.048\ 6,\ \chi_{0.975}^{-2} = 0.018\ 4$$

所以

$$B_1^2 = 2\rho^2 \times 1\ 309 \times 0.018\ 4 = 10.96$$

$$B_2^2 = 2\rho^2 \times 1\ 309 \times 0.048\ 6 = 28.96$$

故 B^2 的 95% 的后验区间为 $(10.96, 28.96)$，B 的 95% 的后验区间为 $(3.31, 5.38)$。

由 μ 和 B^2 的区间估计式 (4.32) 和式 (4.37) 可以看出，它们在形式上与经典方法所得结果完全一致，但意义却完全不同，如对 μ 的区间估计，μ_1 是常数，μ 是随机变量，其意义是 μ 以 $1-\alpha$ 的概率落在该区间，而经典统计的频率意义是大量次使用该区间，大约有 $100(1-\alpha)$ 次能盖住 μ。

4.5　样本容量的确定问题

有了可信区间，给出了区间长度，即精度要求后，就可以比较客观地导出确定样本容量的公式，这里只考虑在给定双向规定的允许偏差 ε 的条件下 μ 估计中的样本容量问题。

μ 的 $1-\alpha$ 可信区间为

$$\left[\mu_1 - \frac{S'_C}{\sqrt{n_1}}t_{\alpha/2},\ \ \mu_1 + \frac{S'_C}{\sqrt{n_1}}t_{\alpha/2}\right]$$

要求这个区间的长度为 2ε ,因而双向规定的允许偏差量为 ε ,且

$$\varepsilon = t_{\alpha/2} \frac{S'_C}{\sqrt{n_1}} = t_{\alpha/2} \frac{\sqrt{S_1/v_1}}{\sqrt{n_1}} = t_{\alpha/2} \frac{\sqrt{\dfrac{S_1}{v_0+n}}}{\sqrt{n+n_0}}$$

整理得

$$n^2 + (n_0 + v_0)n + n_0 v_0 - \frac{S_1 t_{\alpha/2}^2}{\varepsilon^2} = 0$$

$$n = \frac{1}{2}\Big[-(n_0 + v_0) + \sqrt{(n_0+v_0)^2 - 4(n_0 v_0 - S_1 t_{\alpha/2}^2 \varepsilon^{-2})} \Big] \qquad (4.38)$$

这里, n 为大于零的整数, $n_0 v_0 < S_1 t_{\alpha/2}^2 \varepsilon^{-2}$ 。

因此,只要知道 n_0 , v_0 , S_1 , $t_{\alpha/2}^2$, ε ,即可求出 n 。

4.6　先验分布的统计特性

在射表中,公算偏差 B 表征了射弹的精度,是实际应用中人们最关心的问题,因此这里仅对 B^2 的期望 $E(B^2)$ 与方差 $D(B^2)$ 进行讨论。

因为 B^2 的先验密度为

$$\pi_1(B^2) = \frac{(KS_0)^{\frac{v_0}{2}}}{2^{\frac{v_0}{2}} \Gamma\Big(\dfrac{v_0}{2}\Big)} (B^2)^{-\frac{v_0}{2}-1} e^{-\frac{KS_0}{2B^2}} \qquad (0 < B^2 < \infty)$$

则 B^2 的期望为

$$E(B^2) = \int_0^\infty B^2 \pi_1(B^2)\, \mathrm{d}B^2 = \int_0^\infty B^2 \frac{(KS_0)^{\frac{v_0}{2}}}{2^{\frac{v_0}{2}} \Gamma\Big(\dfrac{v_0}{2}\Big)} (B^2)^{-\frac{v_0}{2}-1} e^{-\frac{KS_0}{2B^2}}\, \mathrm{d}B^2$$

$$(4.39)$$

记
$$\frac{(KS_0)^{\frac{v_0}{2}}}{2^{\frac{v_0}{2}} \Gamma\Big(\dfrac{v_0}{2}\Big)} = C_1$$

则
$$E(B^2) = C_1 \int_0^\infty (B^2)^{-\frac{v_0}{2}} e^{-\frac{KS_0}{2B^2}}\, \mathrm{d}B^2 \qquad (4.40)$$

令
$$y = \frac{KS_0}{2B^2}$$

则
$$\mathrm{d}y = -\frac{KS_0}{2B^4}\, \mathrm{d}B^2$$

式(4.40)变为

$$E(B^2) = C_1 \int_\infty^0 (B^2)^{-\frac{v_0}{2}} e^{-y} \left(-\frac{2B^4}{KS_0}\right) dy = C_1 \left(\frac{KS_0}{2}\right)^{1-\frac{v_0}{2}} \int_0^\infty y^{\left(\frac{v_0}{2}-1\right)-1} e^{-y} dy$$

$$(4.41)$$

又

$$\int_0^\infty y^{\left(\frac{v_0}{2}-1\right)-1} e^{-y} dy = \Gamma\left(\frac{v_0}{2}-1\right) \tag{4.42}$$

将式(4.42)代入式(4.41),整理得

$$E(B^2) = \frac{KS_0}{v_0-2} \quad (v_0 > 2) \tag{4.43}$$

B^2 的方差为

$$D(B^2) = \int_0^\infty (B^2 - E(B^2))^2 \pi_1 (B^2) \, dB^2 = \frac{2 (KS_0)^2}{(v_0-2)^2 (v_0-4)} \quad (v_0 > 4)$$

$$(4.44)$$

至此,完成了在贝叶斯统计观点下,关于基本弹道参数的概率分布、参数的贝叶斯估计、样本容量确定、验前分布的统计特性等问题的理论推导,是贝叶斯统计与弹道学相结合的理论成果,它既是建立贝叶斯射表编拟技术的理论基础,也是对国际上近几年来所产生的"统计弹道学"这一学科进行研究的基础。

4.7 贝叶斯射表编拟方法

前述章节中建立的弹道参数的各个估计公式并不能直接应用于射表编拟中,主要存在如下问题:

(1)计算公式中涉及了一些待定的参数,也含在相应的公式中,如 μ_0,v_0,n_0,S_0 等,这些待定参数如果不能合理确定,相应的公式就无法使用。

(2)样本容量的公式中,自由度和 S_1 也是未知的,同样如果不能获得或求出这些量,射表试验的用弹量就无法确定。

(3)在现行射表编拟方法中,符合方法是建立在原始测量数据之上的,现在所得到的是标准化后的结果,这将涉及符合方法的研究。

(4)"公算偏差"的编拟及相关数据处理问题,等等。

下面先介绍在这些问题上的解决方法,然后以某型榴弹炮为例介绍贝叶斯射表编拟的具体方法。

4.7.1　编拟技术中若干问题

1.验前信息的挖掘获取

公式(4.4)给出了 B^2 的先验密度函数 $\pi_1(B^2)$，记 B^2 的均值和方差分别为 B_0^2，$\sigma_{B^2}^2$，则

$$E(B^2) = \int_0^\infty B^2 \pi_1(B^2)\,dB^2 = B_0^2 \tag{4.45}$$

$$D(B^2) = \int_0^\infty [B^2 - E(B^2)]^2 \pi_1(B^2)\,dB^2 = \sigma_{B^2}^2 \tag{4.46}$$

假定当 B^2 已知时，μ 的条件密度为 $\pi_2(\mu \mid B^2)$，记 μ 的均值为 μ_0，则方差为 $B^2/2\rho^2 n_0$，它相当于 n_0 个观察值的结果。

研究认为，"临时射表"或定型试验结果中给出的"公算偏差 $\overline{B}$"的平方 $\overline{B}^2$ 是 B_0^2 的良好近似，表载射程 $\overline{x}_N$ 为 μ_0 的一个估值，它是对应当时试验次数 N 的结果，即

$$\mu_0 = \overline{x}_N, \quad n_0 = N, \quad B_0^2 = \overline{B}^2$$

另外，靶场对 B 的标准差 σ_B 的估计问题已做过大量研究，取得了明确的结果，即

$$\sigma_B \approx \frac{\eta \overline{B}}{\sqrt{2}\rho}$$

这里，η 是随试验总发数 N 而变化的，即

$$\eta = B_\eta f(N)$$

式中：B_η 为巴尔坎系数，其具体结果可从射表技术资料中查取。

由 σ_B 可求得 $\sigma_{B^2}^2$，令

$$Y = B^2$$

则

$$\sigma_{B^2}^2 = \mathrm{Var}(B^2) \approx \left(\frac{\partial Y}{\partial B}\sigma_B\right)^2 = \left(\frac{\sqrt{2}\eta}{\rho}\overline{B}^2\right)^2 \tag{4.47}$$

这样可认为 B_0^2，$\sigma_{B^2}^2$，μ_0，n_0 已知，即

$$E(B^2) = \overline{B}^2, \quad D(B^2) \approx \left(\frac{\sqrt{2}\eta}{\rho}\overline{B}^2\right)^2$$

$$E(\mu) = \mu_0, \quad D(\mu) = B^2/2\rho^2 n_0$$

这些客观实际中给出的极为有用的信息，准确、具体，容易搜集和整理。

2. v_0，S_0 的确定问题

根据前面导出的公式(4.43)和公式(4.44)，v_0，S_0 可通过求解下列方程组

求得：

$$
\left.\begin{array}{l}
\dfrac{KS_0}{v_0 - 2} = \overline{B}^2 \\[3mm]
\dfrac{2\,(KS_0)^2}{(v_0 - 2)^2\,(v_0 - 4)} = \left(\dfrac{\sqrt{2}\,\eta\,\overline{B}^2}{\rho}\right)^2
\end{array}\right\} \tag{4.49}
$$

这里 v_0 是自由度，应取整数。

3. 偏差量 ε 的确定问题

要确定用弹量，事先要给出允许的偏差量 ε，在射表技术中这个偏差量常用射程的百分数表示，即 $\varepsilon = B_\varepsilon \overline{x}_N(\%)$，对普通榴弹 $B_\varepsilon \approx 0.3$，对其他武器弹药，从有关规程或技术资料中查取。

4. S_1 的确定问题

根据"临时射表"或定型试验结果，确定 S_1 的近似值 S_1^*，需注意的是，近似值的获取与实际经验有关，因而难免偏大或偏小。如果偏大，则求出的样本量偏大，如果偏小，则求出的样本量偏小。样本量大，将使得在同一 α（犯第一类错误的概率）下，实际的 β（犯第二类错误的概率）将减小，亦即得到了较精确、可靠的结果；样本量减小，将影响结果的精度与可靠度，它将使得在同一 α 下，增大了 β。因此，S_1^* 偏大比偏小稳妥。

5. 用弹量的计算问题

前面已推导出了计算用弹量的公式(4.38)，但此公式中 $t_{\alpha/2}$ 仍未知，因此需用"试差法"求解，求解时，先给 $t_{\alpha/2}$ 一个估值，经多次试算，并依 t 分布表分位数变化规律，当取 $t_{\alpha/2} = 2.00$ 时收敛最快，故先近似取 $t_{\alpha/2} = 2.00$，由式(4.50)计算 n' 值

$$
n' = \frac{1}{2}\Big[-(n_0 + v_0) + \sqrt{(n_0 + v_0)^2 - 4(n_0 v_0 - S_1^* \, t_{\alpha/2}^2/\varepsilon^2)}\Big] \tag{4.50}
$$

若 $n' \geqslant 30$，则取 $n = n'$。

若 $n' < 30$，则采用"试差法"，步骤如下：

用 $n' - 1$ 作为自由度（若 $n' < 5$，则取 $n' = 5$），对给定的显著水平 α，以 $\alpha/2$ 查得 $t_{\alpha/2}$，由式(4.51)求得 n，即

$$
n = \frac{1}{2}\Big[-(n_0 + v_0) + \sqrt{(n_0 + v_0)^2 - 4(n_0 v_0 - S_1^* \, t_{\alpha/2}^2/\varepsilon^2)}\Big] \tag{4.51}
$$

求出这个 n 后，再用 $n - 1$ 作为自由度查得 $t_{\alpha/2}$，代入式(4.51)计算 n，重复这个过程直至相邻两次的 n 相差很小为止。

6. 表载射程 X_N 的计算问题

由于 μ 的估值为 μ_1，故由式(4.31)有

$$X_N = \frac{1}{n_1}\left[N\,\overline{X_N} + n\,\overline{x}^* \right] \tag{4.52}$$

这里，$\overline{x}^*$ 是当前射表试验的标准化射程，n 是相应的总用弹数，标准射程 $\overline{x}^*$ 标准化方法与现行方法相同。

对横偏按同样方法计算。

7. 公算偏差的计算问题

由于 B 的后验期望估计精度高，故纵向公算偏差 B_X 可由式(4.31)求得

$$B_X = \sqrt{2}\rho\sqrt{\frac{S_1}{v_1 - 2}} \tag{4.53}$$

其中

$$S_1 = S + S_0 + \frac{nN}{n_1}\,(\overline{x}_N - \overline{x}^*)^2$$

$$v_1 = v_0 + n$$

$$n_1 = N + n_0$$

对于横向公算偏差 B_Z 按同样方法计算。

8. 基础数据一览表

假设试验了 m 个射角，对每个射角均按上述方法算出 X_N，B_X，基础数据表见表 4.1。

表 4.1　基础数据表

射　角	θ_1	θ_2	… …	θ_m
X_N	X_{N1}	X_{N2}	… …	X_{Nm}
B_X	B_{X1}	B_{X2}	… …	B_{Xm}

9. 符合方法问题

射表编拟的基本原理是理论与试验相结合，即用试验结果对理论弹道进行修正，使修正后的弹道与实际弹道相一致，尔后以修正后的理论弹道为根据编拟计算射表。修正的方法叫"符合"。其修正因子叫"符合系数"，射程的符合系数为 F_D，横偏的符合系数为 F_L。符合方法问题就是解决如何计算 F_D，F_L 的问题。由于用贝叶斯理论求得的射程 X_N 已是标准化结果，因而不能用射击时的实际射击条件符合，而应在标准射击条件下符合。即在标准射击条件下计算弹道得 $X_{N计}$，当它与 X_N 不一致时，调整符合系数 F_D，F_L，使其相一致，所谓一致，是指它们之差在一给定的允许范围内，即对给定 $\varepsilon_1 > 0$，有

$$|X_{N计} - X_N| \leqslant \varepsilon_1$$

以上就是关于射表编拟中几个方法问题的研究结果,这些问题的解决,使得在贝叶斯统计理论下的射表编拟方法的建立变得切实可行,下面介绍具体编拟方法。

4.7.2 贝叶斯射表编拟方法

图 4.10 给出贝叶斯射表编拟方法的基本流程,为了全面,系统地说明该方法,下面以某型榴弹炮射表编拟为例。

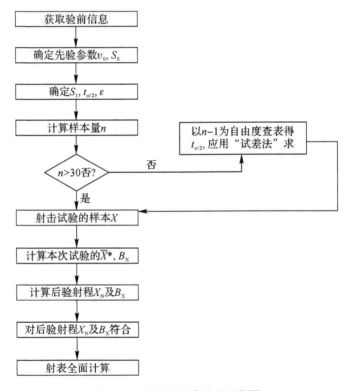

图 4.10 贝叶斯射表编拟流程图

例 4.1 现需要编拟某型榴弹炮正式射表,经查该型榴弹炮在设计定性时编拟过"临时射表",因此决定将该"临时射表"数据应用于本次正式射表数据中。

解 (1)获取先验信息。经查编拟"临时射表"时,在 17.4° 射角下共射击 4 组 28 发弹,表载射程为 12 174.5 m,距离公算偏差为 36.7 m,因此有

$$\mu_0 = 12\ 174.5,\ n_0 = 28,\ B_0^2 = 1\ 346.89$$

(2)确定先验参数。解方程组

$$\begin{cases} \dfrac{KS_0}{v_0 - 2} = \overline{B}^2 \\[4mm] \dfrac{2\,(KS_0)^2}{(v_0 - 2)^2\,(v_0 - 4)} = \left(\dfrac{\sqrt{2}\,\eta}{\rho}\overline{B}^2\right)^2 \end{cases}$$

得

$$v_0 = 8,\ S_0 = 17\ 766.4$$

(3)确定样本量。试验用弹量要按搜集到的验前信息具体确定,验前信息量大,则能较多地节省弹药或提高精度,验前信息少,则所节省弹药量相对要少,如果任何信息都没有,按贝叶斯观点,先验分布应采用无信息先验分布。依据射表经验值,对于榴弹炮精度要求为

$$\varepsilon = 0.3\% \times 12\ 574.5 = 37.7$$

依经验有

$$S_1^* = 287\ 465$$

故由式(4.50)得

$$n' = \frac{1}{2}\left[-(28+8)+\sqrt{(28+8)^2 - 4\left(28\times 8 - \frac{4\times 287\ 465}{37.7^2}\right)}\right] \approx 13$$

由于 $n' < 30$,故采用"试差法"。

取 $\alpha = 0.05$,以 $n'-1 = 12$ 为自由度查 t 分布表得 $t_{\alpha/2} = 2.178\ 8$,代入式(4.50)得

$$n' = \frac{1}{2}\left[-(n_0 + v_0) + \sqrt{(n_0 + v_0)^2 - 4(n_0 v_0 - S_1^*\,t_{\alpha/2}^2/\varepsilon^2)}\right]$$

$$= \frac{1}{2}\left[-(28+8)+\sqrt{(28+8)^2 - 4(28\times 8 - 287\ 465\times 2.178\ 8^2/37.7^2)}\right]$$

$$\approx 15$$

因此取样本量为 15。

故在同一射表精度要求下,即精度要求为 $0.3\%\ X$ 时,按原来的方法需要射击 21 发,而应用贝叶斯理论后,需要射击 15 发,节省弹药 28.57% 。

例 4.2　从某加农炮配杀爆榴弹的临时射表中查得 $\theta_0 = 35°$ 时,$N = 14$,$\overline{x}_N = 25\ 000$,$\overline{B}_X = 63$,今拟编拟正式射表,求对这个射角进行试验的用弹量 n 。

解　先求 v_0 ,S_0 ,依题意有

$$\begin{cases} \dfrac{KS_0}{v_0 - 2} = 63^2 \\[4mm] \dfrac{2\,(KS_0)^2}{(v_0 - 2)^2\,(v_0 - 4)} = \left(\dfrac{\sqrt{2}\,\eta}{\rho}\times 63^2\right)^2 \end{cases}$$

解得 $\qquad v_0 = 8,\ S_0 = 52\ 353.7$

对加农炮配榴弹,由现射表资料知,精度要求为

$$\varepsilon = 0.25\% \times 25\ 000 = 62.5$$

依经验 $\qquad S_1^* = 278\ 152$

故

$$n' = \frac{1}{2}\left[-(14+8)+\sqrt{(14+8)^2 - 4\left(14 \times 8 - \frac{4 \times 278\ 152}{62.5^2}\right)}\right] \approx 7$$

由于 $n' < 30$, 故采用"试差法"。

取 $\alpha = 0.05$,以 $n'-1 = 6$ 为自由度查 t 分布表得 $t_{\alpha/2} = 2.446\ 9$,代入式(4.51)得

$$n = \frac{1}{2}\left[-(n_0+v_0)+\sqrt{(n_0+v_0)^2 - 4(n_0 v_0 - S_1^* t_{\alpha/2}^2/\varepsilon^2)}\right]$$

$$= \frac{1}{2}\left[-(14+8)+\sqrt{(14+8)^2 - 4(14 \times 8 - 278\ 152 \times 2.446\ 9^2/62.5^2)}\right]$$

$$\approx 10$$

再以 $n-1 = 9$ 为自由度查 t 分布表得 $t_{\alpha/2} = 2.262\ 2$,代入式(4.51)得

$$n = 9$$

再以 8 为自由度查表得 $t_{\alpha/2} = 2.306\ 0$,求得 $n = 9$。

故取 $\qquad n = 9$

显然,当在同一射表精度要求下,即精度要求为 $0.25\% X$ 时,按原来的方法需射击 21 发,在采用贝叶斯理论后,只需射击 9 发即可,节省弹药 57%。

影响射表用弹量的因素除与验前信息量有关外,还与射表精度要求有关。

(4)射击试验。根据射表试验方法,将 15 发弹分为两组,在 $17.4°$ 射角和不同工作日分别进行射程密集度试验,依据传统的方法可求得各组标准化射程,结果见表 4.2。

表 4.2 某型榴弹炮现场试验数据

弹 号	组平均值/m	标准化射程 $\overline{x}_i$ /m
第一组	12 432.2	12 211.7
第二组	12 394.9	12 172.5

(5)射程 X_N 和公算偏差 B_X 的计算。由于当前试验是分组试验,因此采用多级先验的方法求表载射程和公算偏差。

第一步:将"临时射表"数据作为第一组的先验信息。

$N = 28,\ n = 8,\ n_1 = N+n = 36,\ \overline{X}_N = 12\ 174.5,\ \overline{X}^* = 12\ 211.7$

由式(4.52)得

$$X_N = 12\ 182.8\ ,\ S = 70\ 643.57,\ v_1 = v_0 + n = 8 + 8 = 16$$

$$S_1 = 70\ 643.57 + 17\ 766.4 + \frac{8 \times 28}{36} \times (12\ 211.7 - 12\ 174.5)^2 = 97\ 020.53$$

由式(4.53)得

$$B_X = 56.1$$

第二步:将第一步所得结果作为第二组的先验信息。

$$N = 36, n = 7, n_1 = N + n = 43, \overline{X}_N = 12\ 182.8, \overline{X}^* = 12\ 172.5$$

由式(4.52)得

$$X_N = 12\ 181.1\ ,\ S = 39\ 046.22, v_1 = v_0 + n = 8 + 7 = 15$$

由式(4.53)得

$$B_X = 44.8$$

至此求出了融合"临时射表"数据的射程 X_N 和公算偏差 B_X 值,即 $X_N = 12\ 181.1\ ,\ B_X = 44.8$。需要强调的是,在没有"临时射表"时,按照现行试验方法,可得 3 组样本信息,上述方法依然可用,不同的是对第一组数据采用无信息先验分布,射程 X_N 和密集度 B_X 的估计与传统结果一致,设其估值分别为 $\hat{\mu}_1$,$\hat{B}_1$,将第 1 组所得结果作为第 2 组的先验信息,按照上述方法求得射程 X_N 和密集度 B_X 的估计 $\hat{\mu}_2$,$\hat{B}_2$,将第 2 组所得结果作为第 3 组的先验信息可求得射程 X_N 和密集度 B_X 的估计 $\hat{\mu}_3$,$\hat{B}_3$。

例 4.3　现欲编拟某型迫击炮杀伤爆破弹正式射表,经查阅资料,在定型试验时未编拟"临时射表"。因此按照现行射表试验方法,需在 3 个不同工作日各射击 1 组,每组有效射弹 7 发,表 4.3 是某迫击炮在同一射击条件下的 3 组现场试验结果,现求标准化射程 μ 和密集度 B 的贝叶斯估计。

表 4.3　某迫击炮现场试验数据表

弹 号	1	2	3	4	5	6	7	组平均值 m	标准化射程 $\overline{X}_i$/m	密集度/m
第 1 组	712.29	702.83	706.43	714.59	711.30	714.68	711.26	710.60	690.80	3.10
第 2 组	714.74	710.86	714.37	707.39	717.04	709.72	712.63	712.68	688.67	2.42
第 3 组	706.06	697.31	690.49	689.91	691.13	691.80	694.42	694.59	683.68	3.92

具体解法为:

第一步:对第 1 组数据按传统方法求得 $\hat{\mu}_1 = 690.80$,$\hat{B}_1 = 3.1$。

第二步:将第 1 组求得的 $\hat{\mu}_1$ 和 $\hat{B}_1$ 值作为先验信息,即:用 $\hat{\mu}_1 = 690.80$,$n_1 = 7$ 分别代替式(4.31)中 μ_0,n_0,按式(4.31)可求得第 2 组数据加入后的射程与密集度分别为 $\hat{\mu}_2 = 689.74$,$\hat{B}_2 = 2.6$。

第三步:将第 2 组求得的 $\hat{\mu}_2$ 和 $\hat{B}_2$ 值作为先验信息,即:用 $\hat{\mu}_2 = 689.74$,$n_2 = 14$。

分别代替式(4.31)中 μ_0,n_0,计算第 3 组数据加入后的射程与密集度分别为 $\hat{\mu}_3 = 687.7$,$\hat{B}_3 = 3.3$。

至此,求出了 μ,B 无先验信息的贝叶斯估计,即 $\hat{\mu} = 687.7$,$\hat{B} = 3.3$。

(6)符合计算。符合计算是射表编拟过程中的一个主要环节,按前述方法求出的射程估值 X_N 已是两个标准化的结果,一是验前标准化数据,二是本次射表试验标准化数据。而标准化过程中已给出两个不同的符合系数(临时射表试验的符合系数 $F_定$ 和射表试验的符合系数 $F_试$),是否还要进行符合计算? 在射表编拟中,符合系数主要用于编拟未进行过射击试验的那些射角的弹道诸元,如果同时使用 $F_定$,$F_试$ 两个符合系数则必须将两者进行融合等,这将带来诸多麻烦,为避免这些不必要的麻烦,进行新一轮符合计算是必要的。具体方法是:直接对 X_N 进行符合计算。由于 X_N 是标准化结果,故与传统符合方法不同的是本次符合是在标准射击条件下进行,具体的符合程序和方法则和传统方法完全相同。符合计算使用的弹道模型有质点弹道模型(简称 3D)、刚体弹道模型(简称 6D)、简化的刚体弹道模型(简称 5D)、修正的质点弹道模型(简称 4D)。这些模型建立的假设不同,涉及的气动力参数不同,计算速度不同,精度不同,使用中应根据实际情况合理选用。

(7)符合系数曲线的制作。为了求得未射击的各射角的符合系数 F_D,F_L,需给出或拟合出 F_D,F_L 与射角 θ 的关系曲线。现行编拟方法中对绘制该曲线提出了许多约束条件,这些约束条件绝大多数仍需继续采用,但由于采用了贝叶斯方法提高了射表精度,因此,原方法在拟合中允许"曲线偏离原始点的精度要求"应提高,具体提高多少,应按验前信息量的多少具体确定。拟合可采用加权最小二乘法或条件最小二乘法。拟合时,在精度要求下,曲线的次数不宜过高。

(8)射表的编拟计算。射表基本诸元和修正诸元的编拟计算基本上与现行方法相同,不同的是公算偏差需采用式(4.53)进行编拟计算。表 4.4 是应用贝叶斯射表编拟技术编制的某型榴弹的射表的部分结果。

表 4.4　×××式杀伤爆破弹　　　　　　海拔　0m

目标高 2m 时直射距离 917m　　　　　　初速 750m/s

距离	表尺	表位尺距改变改一变密量	飞行时间	最大弹道高	偏流	横风 10 m/s	纵风 10 m/s	气压 10 mm	气温 10°	初速 1%	药温 10°	弹一重个增符加号	落角	落速	公算偏差 距离	公算偏差 高低	公算偏差 方向	距离
m	mil	m	s	m	mil	mil	m	m	m	m	m	m	m	m	m	m	m	m
11 100	238.8	23.4	28.1	1 015.1	8.0	11.0	198.9	72.0	169.3	122.9	65.2	−10.0	25.9	293.3	41.3	20.1	9.1	11 100
11 200	243.1	23.1	28.5	1 044.8	8.1	11.1	202.8	72.8	171.8	123.5	65.5	−10.3	26.4	292.9	41.7	20.7	9.4	11 200
11 300	247.4	22.9	28.9	1 075.1	8.2	11.2	206.8	73.5	174.3	124.0	65.8	−10.5	26.8	292.6	42.1	21.3	9.6	11 300
11 400	251.8	22.6	29.3	1 106.0	8.4	11.3	210.8	74.3	176.8	124.6	66.0	−10.8	27.2	292.2	42.4	21.8	9.9	11 400
11 500	256.3	22.4	29.7	1 137.6	8.5	11.4	214.7	75.1	179.3	125.1	66.3	−11.0	27.7	291.9	42.8	22.4	10.1	11 500
11 600	260.7	22.1	30.1	1 169.8	8.7	11.6	218.8	75.8	181.8	125.7	66.6	−11.3	28.1	291.7	43.2	23.1	10.4	11 600
11 700	265.3	21.9	30.5	1 202.6	8.8	11.7	222.8	76.6	184.3	126.2	66.9	−11.5	28.5	291.4	43.5	23.7	10.7	11 700
11 800	269.9	21.6	30.9	1 236.2	8.9	11.8	226.8	77.4	186.8	126.8	67.2	−11.8	29.0	291.1	43.9	24.3	10.9	11 800
11 900	274.5	21.4	31.3	1 270.3	9.1	11.9	231.0	78.1	189.2	127.3	67.5	−12.1	29.4	291.1	44.3	25.0	11.2	119 00
12 000	279.2	21.2	31.7	1 305.2	9.3	12.0	235.1	78.9	191.7	127.9	67.8	−12.3	29.9	290.9	44.6	25.6	11.5	12 000
12 100	283.9	20.9	32.2	1 340.8	9.5	12.1	239.2	79.7	194.2	128.5	68.1	−12.6	30.3	290.8	45.0	26.3	11.8	12 100
12 200	287.7	20.7	32.6	1 377.1	9.6	12.2	243.4	80.4	196.7	129.0	68.4	−12.8	30.8	290.6	45.4	27.0	12.1	12 200
12 300	293.6	20.5	33.0	1 414.1	9.8	12.2	247.7	81.2	199.2	129.6	68.7	−13.1	31.2	290.6	45.4	27.0	12.1	12 300
12 400	298.5	20.2	33.4	1 451.8	10.0	12.3	251.9	82.0	201.7	130.1	69.0	−13.4	31.6	290.5	46.2	28.5	12.7	12 400
12 430	300.0	20.2	33.6	1 463.3	10.0	12.4	253.2	82.2	202.5	130.3	69.1	−13.4	31.8	290.5	46.3	28.7	12.8	12 430

4.7.3　贝叶斯射表精度

通常情况下,样本量对数据处理的精度有一定的影响,样本量越大,数据处理的精度越高,贝叶斯理论融合了验前信息,当本次试验样本量不变时,相当于增加了试验样本量,因而提高了数据处理精度,而精度的提高程度与验前信息量有关,下面应用实例给予说明。

例 4.4　从某榴弹炮临时射表中查得 $\theta_0 = 30°$ 时,$\overline{B}_X = 35$,$N = 12$,$\overline{X}_N = 10\,200$,今正式射表试验共 3 组,每组 7 发,总用弹量为 $n = 21$,$S = 70\,337$,

$\overline{X}{}^* = 10\ 250$，求 $X_{\mathrm{N}}, B_{\mathrm{X}}$。

解：(1)求 S_0, v_0。依式(4.49)有

$$
\begin{cases}
\dfrac{K S_0}{v_0 - 2} = 35^2 \\[3mm]
\dfrac{2\,(K S_0)^2}{(v_0 - 2)^2 (v_0 - 4)} = \left(\dfrac{\sqrt{2}\eta}{\rho} \times 35^2\right)^2
\end{cases}
$$

解之得

$$
v_0 = 8,\quad S_0 = 16\ 158.6
$$

求 X_{N}：

$$
X_{\mathrm{N}} = \frac{1}{n_1}[N\overline{X}_{\mathrm{N}} + n\overline{X}{}^*] = \frac{1}{12 + 21} \times [12 \times 10\ 200 + 21 \times 10\ 250] = 10\ 232
$$

求 B_{X}：

$$
v_1 = v_0 + n = 8 + 21 = 29
$$

$$
n_1 = n + N = 21 + 12 = 33
$$

$$
S_1 = S + S_0 + \frac{nN}{n_1}(\overline{X}_{\mathrm{N}} - \overline{X}{}^*)^2
$$

$$
= 70\ 337 + 16\ 158.6 + \frac{12 \times 21}{33} \times (10\ 200 - 10\ 250)^2 = 105\ 586.5
$$

$$
B_{\mathrm{X}} = \sqrt{2}\rho\sqrt{\frac{S_1}{v_1 - 2}} = \sqrt{2} \times 0.476\ 9 \times \sqrt{\frac{105\ 586.5}{29 - 2}} = 42.2
$$

在射表中，最重要的诸元是 X_{N}，射表精度主要是指 X_{N} 的精度。现对 X_{N} 的表达式两边求方差得

$$
D(X_{\mathrm{N}}) = \frac{N^2}{n_1^2}D(\overline{X}) + \frac{n^2}{n_1^2}D(\overline{X}{}^*)
$$

这里 $\sqrt{D(\overline{X}{}^*)}$ 恰是现行方法的射表精度，由射表技术资料可知，$\sqrt{D(\overline{X}{}^*)}$ 在射程的 $0.2\% \sim 0.45\%$ 范围变化，平均取 0.3%；由于 $\overline{X}$ 与 $\overline{X}{}^*$ 测试及数据处理标准化方法是等精度的，差别仅样本量不同，由现行射表资料知，$\sqrt{D(\overline{X})}$ 平均约为 0.367%，代入上式有

$$
D(X_{\mathrm{N}}) = \frac{12^2}{33^2} \times 0.367^2 + \frac{21^2}{33^2} \times 0.3^2 = 0.054\ 2\%
$$

$$
\sigma_{X_{\mathrm{N}}} = \sqrt{D(X_{\mathrm{N}})} = 0.233\%X
$$

这就是说，采用贝叶斯理论后，将原射表精度由 $0.3\%\ X$ 提高至 $0.233\%\ X$，即精度提高约 22%。

由于验前信息量在每一次试验中是不同的，因此精度的提高是随试验前信

息量不同而变化的,故应具体情况具体分析,不可能给出一个不变的结果。

4.8　符号和缩略词说明

n_0——μ 的先验样本量。

n——总体 X 的样本量。

μ_0——μ 的先验分布的数学期望。

v_0——B^2 的先验分布的自由度。

S_0——B^2 的先验分布的参数。

S——样本离差平方和,$S = \sum\limits_{i=1}^{n} (x_i - \overline{X})^2$。

$\overline{X}$——样本均值,$\overline{X} = \dfrac{1}{n} \sum\limits_{i=1}^{n} x_1$ 。

$n_1 = n_0 + n$

$\mu_1 = \dfrac{1}{n_1}(n_0\mu_0 + n\overline{X})$

$S_1 = S + S_0 + \dfrac{mn_0}{n_1}(\mu_0 - \overline{X})^2$

$v_1 = v_0 + n$

MSE——后验均方误差。

$E(X)$——X 的期望。

$\mathrm{Var}(X)$——X 的方差。

4.9　基本公式汇总

B^2 先验分布的均值为

$$E(B^2) = \frac{KS_0}{v_0 - 2}$$

B^2 先验分布的方差为

$$D(B^2) = \frac{2(KS_0)^2}{(v_0 - 2)^2(v_0 - 4)}$$

μ 的最大后验估计为

$$\hat{\mu} = \mu_1$$

B^2 的最大后验估计为

$$\hat{B}^2 = 2\rho^2 \frac{S_1}{v_1 + 3}$$

B 的最大后验估计为

$$\hat{B} = \sqrt{2}\rho \sqrt{\frac{S_1}{v_1 + 3}}$$

μ 的后验期望估计为

$$\mu = \mu_1$$

μ 的 $1-\alpha$ 的后验区间估计为

$$\left[\mu_1 - t_{\alpha/2} \frac{S'_C}{\sqrt{n_1}}, \ \mu_1 + t_{\alpha/2} \frac{S'_C}{\sqrt{n_1}} \right]$$

式中, $S'_C = \dfrac{S_1}{v_1}$。

B^2 的后验期望估计为

$$B^2 = 2\rho^2 \frac{S_1}{v_1 - 2}$$

B 的后验期望估计为

$$B = \sqrt{2}\rho \sqrt{\frac{S_1}{v_1 - 2}}$$

B^2 的 $1-\alpha$ 后验区间估计为

$$\left[KS_1 \chi_{1-\alpha/2}^{-2}, \ KS_1 \chi_{\alpha/2}^{-2} \right]$$

B 的 $1-\alpha$ 的后验区间估计为

$$\left[\sqrt{KS_1 \chi_{1-\alpha/2}^{-2}}, \ \sqrt{KS_1 \chi_{\alpha/2}^{-2}} \right]$$

样本容量为

$$n = \frac{1}{2} \left[-(n_0 + v_0) + \sqrt{(n_0 + v_0)^2 - 4(n_0 v_0 - S_1 t_{\alpha/2}^2 \varepsilon^{-2})} \right]$$

第5章　随机过程理论基础

5.1　引　　言

初等概率论研究的主要对象是一个或有限个随机变量(或随机向量),虽然有时我们也讨论了随机变量序列,但假定序列之间是相互独立的。随着科学技术的发展,必须对一些随机现象的变化过程进行研究,这就必须考虑无穷个随机变量;而且解决问题的出发点不是随机变量的 N 个独立样本,而是无穷多个随机变量的一次具体观测。这时,我们必须用一族随机变量才能刻画这种随机现象的全部统计规律性。通常称随机变量族为随机过程。随机过程理论在物理、生物、工程、经济和管理等方面都得到了广泛应用,已经成为近代科技工作者谋求掌握的一个理论工具。

例5.1　生物群体的增长问题。在描述群体的发展和演变过程中,以 X_t 表示在时刻 t 群体的个数,则对每一个 t , X_t 是一个随机变量。假设从 $t=0$ 开始每隔 24h 对群体的个数观测一次,则 $\{X_t,t=0,1,\cdots\}$ 是随机过程。

例5.2　某电话交换台在时间 $[0,t]$ 内接到的呼唤次数是与 t 有关的随机变量,对于固定的 t , $X(t)$ 是一个取非负整数的随机变量,故 $\{X(t),t\in[0,\infty)\}$ 是随机过程。

例5.3　在天气预报中,若以 X_t 表示某地区第 t 次统计所得到的该天最高气温,则 X_t 是随机变量。为了预报该地区未来的气温,我们必须研究随机过程 $\{X_t,t=0,1,\cdots\}$ 的统计规律性。

5.2　随机过程的概念

定义5.1　设 (Ω,F,P) 是概率空间,T 是给定的参数集。若对每个 $t\in T$,有一个随机变量 $X(t,e)$ 与之对应,则称随机变量族 $\{X(t,e),t\in T\}$ 是 (Ω,F,P) 上的随机过程,简记为随机过程 $\{X(t,e),t\in T\}$,T 称为参数集,通

常表示时间。

通常将随机过程 $\{X(t), t \in T\}$ 解释为一个物理系统。$X(t)$ 表示系统在时刻 t 所处的状态。$X(t)$ 的所有可能状态所构成的集合称为状态空间或相空间，记为 I。

值得注意的是，参数 t 可以指通常的时间，也可以指别的。当 t 是向量时，则称此随机过程为随机场。从数学的观点来说，随机过程 $\{X(t,e), t \in T\}$ 是定义在 $T \times \Omega$ 上的二元函数，对固定的 t，$X(t,e)$ 是 (Ω, F, P) 上的随机变量；对固定的 e，$X(t,e)$ 是定义在 T 上的普通函数，称为随机过程 $\{X(t,e), t \in T\}$ 的一个样本函数或轨道，样本函数的全体称为样本函数空间。

5.3　随机过程的分布律和数字特征

精确研究随机现象，主要是研究它的统计规律性。我们知道，有限个随机变量的统计规律性完全由它们的联合分布函数所刻画。由于随机变量可视为一族（一般为无穷多个）随机变量，是否也可以用一个无穷维联合分布函数来刻画其统计规律性呢？由概率论的理论可知，使用无穷维分布函数的方法是行不通的，可行的办法就是采用有限维分布函数族来刻画随机过程的统计规律性。

定义 5.2　设 $X_T = \{X(t), t \in T\}$ 是随机过程，对任意 $n \geqslant 1$ 和 $t_1, t_2, \cdots, t_n \in T$，随机向量 $(X(t_1), X(t_2), \cdots, X(t_n))$ 的联合分布函数为

$$F_{t_1, \cdots, t_n}(x_1, x_2, \cdots, x_n) = P\{X(t_1) \leqslant x_1, \cdots, X(t_n) \leqslant x_n\} \quad (5.1)$$

这些分布函数的全体为

$$F = \{F_{t_1, \cdots, t_n}(x_1, x_2, \cdots, x_n), t_1, t_2, \cdots, t_n \in T, n \geqslant 1\} \quad (5.2)$$

称为 $X_T = \{X_t, t \in T\}$ 的有限维分布函数族。

显然，随机过程 $X_T = \{X_t, t \in T\}$ 的有限维数分布函数族 F 具有如下性质：

(1)对称性。对于 $\{t_1, t_2, \cdots, t_n\}$ 的任意排列 $\{t_{i_1}, t_{i_2}, \cdots, t_{i_n}\}$，则

$$F_{t_1, \cdots, t_n}(x_1, x_2, \cdots, x_n) = F_{t_{i_1}, \cdots, t_{i_n}}(x_{t_{i_1}}, \cdots, x_{t_{i_n}})$$

(2)相容性。当 $m < n$ 时，则

$$F_{t_1, \cdots, t_m}(x_1, x_2, \cdots, x_m) = F_{t_1, \cdots, t_m, \cdots, t_n}(x_1, x_2, \cdots, x_m, \cdots, \infty)$$

反之，对给定的满足对称性和相容性条件的分布函数族 F，是否一定存在一个以 F 作为有限维数分布函数族的随机过程呢？这就是随机过程的存在性定理要回答的问题。

定理 5.1　（Kolmogorov 存在定理）设已给参数集 T 及满足对称性和相容

性条件的分布函数族 F ,则必存在概率空间 (Ω,F,P) 及定义在其上的随机过程 $\{X(t),t\in T\}$,它的有限维分布函数族是 F 。

在实际中,要知道随机过程的全部有限维分布函数族是不可能的,因此,人们往往用随机过程的某些统计特征来取代 F 。随机过程常用的统计特征定义如下。

定义 5.3　设 $X_T = \{X(t),t\in T\}$ 是随机过程,如果对任意 $t\in T$, $EX(t)$ 存在,则称函数

$$m_x(t) \overset{\text{def}}{=} EX(t) \quad (t\in T)$$

为 X_T 的均值函数。

若对任意 $t\in T$, $E(X(t))^2$ 存在,则称 X_T 为二阶矩过程,而称 $B_X(s,t) \overset{\text{def}}{=} E[(X(s)-m_x(s))(X(t)-m_x(t))]$, $s,t\in T$ 为 X_T 的协方差函数。

$$D_X(t) = B_X(t,t) = E(X(t)-m_x(t))^2 \quad (t\in T)$$

为 X_T 的方差函数。

$$R_X(s,t) = E[X(s)(X(t)] \quad (s,t\in T)$$

为 X_T 的相关函数。

由许瓦兹(Schwarz)不等式知,二阶矩过程的协方差函数和相关函数一定存在,且有下列关系

$$B_X(s,t) = R_X(s,t) - m_x(s)m_x(t) \tag{5.3}$$

特别,当 X_T 的均值函数 $m_x(t)\equiv 0$,则 $B_X(s,t) = R_X(s,t)$ 。

均值函数 $m_x(t)$ 是随机过程 $\{X(t),t\in T\}$ 在时刻 t 的平均值,方差函数 $D_X(t)$ 是随机过程在时刻 t 对均值 $m_x(t)$ 的偏离程度,而协方差函数 $B_X(s,t)$ 和相关函数 $R_X(s,t)$ 则反应随机过程 $\{X(t),t\in T\}$ 在时刻 s 和 t 时的线性相关程度。

例 5.5　设随机过程 $X(t) = Y\cos(\theta t) + Z\sin(\theta t)(t>0)$,其中, Y,Z 是相互独立的随机变量,且 $EY = EZ = 0$, $DY = DZ = \sigma^2$,求 $\{X(t),t>0\}$ 的均值函数 $m_x(t)$ 和协方差函数 $B_X(s,t)$ 。

解　由数学期望的性质,得

$$EX_T = E[Y\cos(\theta t) + Z\sin(\theta t)] = \cos(\theta t)EY + \sin(\theta t)EZ = 0$$

因为 Y,Z 是相互独立,故

$$\begin{aligned}
R_X(s,t) &= E[X(s)(X(t)] \\
&= E[Y\cos(\theta s) + Z\sin(\theta s)][Y\cos(\theta t) + Z\sin(\theta t)] \\
&= \cos(\theta s)\cos(\theta t)E(Y^2) + \sin(\theta s)\sin(\theta t)E(Z^2) \\
&= \sigma^2\cos[(t-s)\theta]
\end{aligned}$$

例 5.6　设随机过程 $X(t) = Y + Zt(t>0)$,其中 Y,Z 是相互独立的

$N(0,1)$ 随机变量，求 $\{X(t),t>0\}$ 的一、二维概率密度族。

解 由于 Y 与 Z 是相互独立的随机变量，故其线性组合仍为正态随机变量，要计算 $\{X(t),t>0\}$ 的一、二维概率密度，只要计算数字特征 $m_x(t)$，$D_X(t),\rho_x(s,t)$ 即可。

$$m_x(t)=E(Y+Zt)=EY+tEZ=0$$

$$D_X(t)=D(Y+Zt)=DY+t^2DZ=1+t^2$$

$$B_X(s,t)=EX(s)(X(t)-m_x(s)m_x(t)$$
$$=E(Y+Zs)(Y+Zt)=1+st$$

$$\rho_x(s,t)=\frac{B_X(s,t)}{\sqrt{D_X(s)}\sqrt{D_X(t)}}=\frac{1+st}{\sqrt{(1+s^2)(1+t^2)}}$$

故随机过程 $\{X_i,t>0\}$ 的一、二维概率密度分别为

$$f_t(x)=\frac{1}{\sqrt{2\pi}(1+t^2)}\exp\left\{-\frac{x^2}{2(1+t^2)}\right\}\quad(t>0)$$

$$f_{s,t}(x_1,x_2)=\frac{1}{2\pi\sqrt{(1+s^2)(1+t^2)}\sqrt{1-\rho^2}}\cdot$$

$$\exp\left\{\frac{-1}{2(1-\rho^2)}\left[\frac{x_1^2}{1+s^2}-2\rho\frac{x_1x_2}{\sqrt{(1+s^2)(1+t^2)}}+\frac{x_2^2}{1+t^2}\right]\right\},s\quad(t>0)$$

其中，$\rho=\rho_x(s,t)$。

在实际问题中，有时需要考虑两个随机过程之间的关系。例如，弹丸飞行过程中弹丸空间坐标与气象之间的关系。此时，采用互协方差函数和互相关函数来描述它们之间的线性关系。

定义 5.4 设 $\{X(t),t\in T\}$，$\{Y(t),t\in T\}$ 是两个二阶矩过程，则称
$$B_{XY}(s,t)\triangleq E[(X(s)-m_x(s))(Y(t)-m_y(t))]\quad(s,t\in T)$$
为 $\{X(t),t\in T\}$ 与 $\{Y(t),t\in T\}$ 的互相关函数。

如果对任意 $s,t\in T$，有 $B_{XY}(s,t)=0$，则称 $\{X(t),t\in T\}$ 与 $\{Y(t),t\in T\}$ 互不相关。

显然有

$$B_{XY}(s,t)=R_{XY}(s,t)-m_x(s)m_y(t)\tag{5.4}$$

例 5.7 设有两个随机过程 $X(t)=g_1(t+\varepsilon)$ 和 $Y(t)=g_2(t+\varepsilon)$，其中 $g_1(t)$ 和 $g_2(t)$ 都是周期为 L 的周期方波，ε 是在 $(0,L)$ 上服从均匀分布的随机变量。求互相关函数 $R_{XY}(t,t+\tau)$ 的表达式。

解 由定义

$$R_{XY}(t,t+\tau)=E[X(t)Y(t+\tau)]=E[g_1(t+\varepsilon)g_2(t+\tau+\varepsilon)]$$

$$= \int_{-\infty}^{-\infty} g_1(t+x)g_2(t+\tau+x)f_\varepsilon(x)\mathrm{d}x$$

$$= \frac{1}{L}\int_0^L g_1(t+x)g_2(t+\tau+x)\mathrm{d}x$$

令 $\vartheta = t + x$,利用 $g_1(t)$ 和 $g_2(t)$ 的周期性,有

$$R_{XY}(t,t+\tau) = \frac{1}{L}\int_t^{t+L} g_1(\vartheta)g_2(\vartheta+\tau)\mathrm{d}\vartheta$$

$$= \frac{1}{L}\left[\int_t^L g_1(\vartheta)g_2(\vartheta+\tau)\mathrm{d}\vartheta + \int_L^{t+L} g_1(\vartheta-L)g_2(\vartheta-L+\tau)\mathrm{d}(\vartheta-L)\right]$$

$$= \frac{1}{L}\left[\int_t^L g_1(\vartheta)g_2(\vartheta+\tau)\mathrm{d}\vartheta + \int_0^t g_1(\mu)g_2(\mu+\tau)\mathrm{d}\mu\right] = \frac{1}{L}\int_0^L g_1(\vartheta)g_2(\vartheta+\tau)\mathrm{d}\vartheta$$

例 5.8　设 $X(t)$ 为信号过程, $Y(t)$ 为噪声过程。另 $W(t) = X(t) + Y(t)$,则 $W(t)$ 的均值函数为

$$m_W(t) = m_X(t) + m_Y(t)$$

其相关函数为

$$R_W(s,t) = E[X(s)+Y(s)][X(t)+Y(t)]$$

$$= E[X(s)X(t)] + E[X(s)Y(t)] + E[Y(s)X(t)] + E[Y(s)Y(t)]$$

$$= R_X(s,t) + R_{XY}(s,t) + R_{YX}(s,t) + R_Y(s,t)$$

上式表明两个随机过程之和的相关函数可以表示为各个随机过程的相关函数与它们的互相关函数之和。特别地,若两个随机过程的均值函数恒为零且互不相关时,有

$$R_W(s,t) = R_X(s,t) + R_Y(s,t)$$

5.4　几种重要的随机过程

随机过程可以根据参数空间、状态空间(是离散的还是非离散的)进行分类,也可以根据随机过程的概率结构进行分类。

(1)正交增量过程。设 $\{X(t),t \in T\}$ 是零均值的二阶矩过程,若对任意的 $t_1 < t_2 \leqslant t_3 < t_4 \in T$,有

$$E[X(t_2)-X(t_1)][X(t_4)-X(t_3)] = 0 \tag{5.5}$$

则称 $X(t)$ 为正交增量过程。正交增量过程的协方差函数可以由它的方差确定。

(2)独立增量过程。设 $\{X(t),t \in T\}$ 是随机过程,若对任意的正整数 n 和 $t_1 < t_2 < \cdots < t_n \in T$,随机变量 $X(t_2)-X(t_1)$, $X(t_3)-X(t_2)$, $\cdots$, $X(t_n)-$

$X(t_{n-1})$ 是相互独立的,则称 $\{X(t),t \in T\}$ 是独立增量过程,又称可加过程。

这种过程的特点是:它在任意一个时间间隔上过程状态的改变,不影响任意一个与它不相重叠的时间间隔上状态的改变。

正交增量过程与独立增量过程都是根据不相重叠的时间区间上增量的统计相依性来定的,前者增量是互不相关,后者增量是相互独立的。显然,正交增量过程不是独立增量过程;而独立增量过程只有在二阶矩存在,且均值函数恒为零的条件下是正交增量过程。

(3)平稳独立增量过程。设 $\{X(t),t \in T\}$ 是独立增量随机过程;若对任意 $s < t$,随机变量 $X(t)-X(s)$ 的分布仅依赖于 $t-s$,则称 $\{X(t),t \in T\}$ 是平稳独立增量过程。

(4)马尔可夫过程。设 $\{X(t),t \geqslant 0\}$ 为随机过程,若对任意正整数 n 及 $t_1 < t_2 < \cdots < t_n,P[X(t_1)=x_1,\cdots,X(t_{n-1})=x_{n-1}] > 0$,且其条件分布

$$P\{X(t_n) \leqslant x_n \mid X(t_1)=x_1,\cdots,X(t_{n-1})=x_{n-1}\}$$
$$= P\{X(t_n) \leqslant x_n \mid X(t_{n-1})=x_{n-1}\} \tag{5.6}$$

则称 $\{X(t),t \in T\}$ 为马尔可夫过程。它表示若已知系统的现在状态,则系统未来所处状态的概率规律性就已确定,而不管系统是如何到达现在的状态的。

(5)正态过程和维纳过程。设 $\{X(t),t \in T\}$ 是随机过程,若对任意正整数 n 和 $t_1,t_2,\cdots,t_n \in T,(X(t_1),X(t_2),\cdots,X(t_n))$ 是 n 维正态过程或高斯过程。正态过程只要知道其均值函数 $m_X(t)$ 和协方差函数 $B_X(s,t)$(或相关函数 $R_X(s,t)$)即可确定其有限维分布。

(6)平稳过程。设 $\{X(t),t \in T\}$ 是随机过程,如果对任意常数 τ 和正整数 n,$t_1,t_2,\cdots,t_n \in T,t_1+\tau,t_2+\tau,\cdots,t_n+\tau \in T$,$(X(t_1),X(t_2),\cdots,X(t_n))$ 与 $(X(t_1+\tau),X(t_2+\tau),\cdots,X(t_n+\tau))$ 有相同的联合分布,则称 $\{X(t),t \in T\}$ 为严平稳过程,也称狭义平稳过程。

严平稳过程描述的物理系统,其任意的有限维分布不随时间的推移而改变。

由于随机过程的有限维分布有时无法确定,下面给出在应用上和理论上更为重要的另一种平稳过程的概念,即广义平稳过程。

定义 5.5 设 $\{X(t),t \in T\}$ 是随机过程,如果 $\{X(t),t \in T\}$ 是二阶矩过程;对任意 $t \in T$,$m_X(t)=EX(t)=$ 常数;对任意 $s,t \in T$,$R_X(s,t)=E[X(s)X(t)]=R_X(t-s)$,则称 $\{X(t),t \in T\}$ 为广义平稳过程,简称为平稳过程。若 T 为离散集,则称平稳过程 $\{X(t),t \in T\}$ 为平稳序列。

显然,广义平稳过程不一定是严平稳过程,反之,严平稳过程只有当其二阶矩存在时为广义平稳过程。值得注意的是,对正态过程来说,二者是一样的。

5.5 马尔可夫过程

马尔可夫过程按其状态和时间参数是连续的或离散的,可分为三类:

(1)时间、状态都是离散的马尔可夫过程,称为马尔可夫链。

(2)时间连续、状态离散的马尔可夫过程,称为连续时间的马尔可夫链。

(3)时间、状态都连续的马尔可夫过程。

5.5.1 马尔可夫链

假设马尔可夫过程 $\{X_n, n \in T\}$ 的参数集 T 是离散的时间集合,即 $T = \{0, 1, 2, \cdots\}$,其相应的 X_n 可能取值的全体组成的状态空间是离散的状态集 $I = \{i_1, i_2, i_3, \cdots\}$。

定义 5.6 设有随机过程 $\{X_n, n \in T\}$,若对于任意的整数 $n \in T$ 和任意的 $i_0, i_1, \cdots, i_{n+1} \in T$,条件概率满足:

$$P\{X_{n+1} = i_{n+1} \mid X_0 = i_0, X_1 = i_1, \cdots, X_n = i_n\} = P\{X_{n+1} = i_{n+1} \mid X_n = i_n\}$$

$$(5.7)$$

则称 $\{X_n, n \in T\}$ 为马尔可夫链,简称马氏链。式(5.7)是马尔可夫链的马氏性(或无后效性)的数学表达式。由定义知

$$P\{X_0 = i_0, X_1 = i_1, \cdots, X_n = i_n\}$$
$$= P\{X_n = i_n \mid X_0 = i_0, X_1 = i_1, \cdots, X_{n-1} = i_{n-1}\}$$
$$P\{X_0 = i_0, X_1 = i_1, \cdots, X_{n-1} = i_{n-1}\}$$
$$= P\{X_n = i_n \mid X_{n-1} = i_{n-1}\} P\{X_0 = i_0, X_1 = i_1, \cdots, X_{n-1} = i_{n-1}\}$$
$$= P\{X_n = i_n \mid X_{n-1} = i_{n-1}\} P\{X_{n-1} = i_{n-1} \mid X_{n-2} = i_{n-2}\} \cdots$$
$$P\{X_1 = i_1 \mid X_0 = i_0\} P\{X_0 = i_0\}$$

可见,马尔可夫链的统计特性完全由条件概率 $P\{X_{n+1} = i_{n+1} \mid X_n = i_n\}$ 所决定。如何确定这个条件概率,是马尔可夫链理论和应用中的重要问题之一。

条件概率 $P\{X_{n+1} = j \mid X_n = i\}$ 的直观含义为系统在时刻 n 处于状态 i 的条件下,在时刻 $n+1$ 系统处于状态 j 的概率。它相当于随机游动的质点在时刻 n 处于状态 i 的条件下,下一步转移到状态 j 的概率。记此条件概率为 $p_{ij}(n)$,其严格定义如下:

定义 5.7 称条件概率 $p_{ij}(n) = P\{X_{n+1} = j \mid X_n = i\}$ 为马尔可夫链

$\{X_n, n \in T\}$ 在时刻 n 的一步转移概率,其中 $i, j \in I$,简称为转移概率。

一般地,转移概率 $p_{ij}(n)$ 不仅与状态 i, j 有关,而且与时刻 n 有关。当 $p_{ij}(n)$ 不依赖于时刻 n 时,表示马尔可夫链具有平稳转移概率。

定义 5.8 若对任意的 $i, j \in I$,马尔可夫链 $\{X_n, n \in T\}$ 的转移概率 $p_{ij}(n)$ 与 n 无关,则称马尔可夫链是齐次的,并记 $p_{ij}(n)$ 为 p_{ij}。

例 5.9 赌徒输光问题。

两赌徒甲、乙进行一系列赌博,赌徒甲有 a 元,赌徒乙有 b 元,每赌一局输者给赢者 1 元,没有和局,直到两人中有一个人输光为止。设在每局中,甲赢的概率为 p,输的概率为 $q = 1 - p$,求甲输光的概率。

这个问题实质上是带有两个吸收壁的随机游动,其状态空间 $I = \{0, 1, 2, \cdots, c\}$,$c = a + b$。故现在的问题是求质点从 a 点出发到达 0 状态先于到达 c 状态的概率,如图 5.1 所示。

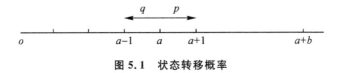

图 5.1 状态转移概率

例 5.10 天气预报问题。

设昨日、今日都下雨,明日有雨的概率为 0.7;昨日无雨,今日有雨,明日有雨的概率为 0.5;昨日有雨,今日无雨,明日有雨的概率为 0.4;昨日、今日均无雨,明日有雨的概率为 0.2。若星期一、星期二均下雨,求星期四下雨的概率。

设昨日、今日连续两天有雨称为状态 0(RR),昨日无雨,今日有雨称为状态 1(NR),昨日有雨今日无雨称为状态 2(RN),昨日、今日无雨称为状态 3(NN),于是天气预报模型可看作是一个 4 状态的马尔可夫链。

5.5.2 连续时间的马尔科夫链

定义 5.9 设随机过程 $\{X(t), t \geq 0\}$,状态空间 $I = \{0, 1, 2, \cdots\}$,若对任意 $0 \leq t_1 < t_2 < \cdots < t_{n+1}$ 及非负整数 $i_1, i_2, \cdots, i_{n+1}$,有

$$P\{X(t_{n+1}) = i_{n+1} \mid X(t_1) = i_1, X(t_2) = i_2, \cdots, X(t_n) = i_n\}$$
$$= P\{X(t_{n+1}) = i_{n+1} \mid X(t_n) = i_n\} \qquad (5.8)$$

则称 $\{X(t), t \geq 0\}$ 为连续时间马尔可夫链。

由定义知,连续时间马尔可夫链是具有马尔可夫性的随机过程,即过程在已知现在时刻 t_n 及一切过去时刻所处状态条件下,将来时刻 t_{n+1} 的状态只依赖于现在的状态而与过去无关。

记式(5.8)条件概率的一般形式为

$$P\{X(s+t)=j \mid X(t)=i\}=p_{ij}(s,t) \tag{5.9}$$

它表示系统在 t 时刻处于状态 i，经过时间 t 后转移到状态 j 的转移概率。

定义 5.10 若式(5.9)的转移概率与 s 无关,则称连续时间马尔可夫链具有平稳的或齐次的转移概率,此时转移概率简记为

$$p_{ij}(s,t)=p_{ij}(t)$$

其转移概率矩阵简记为 $\boldsymbol{P}(t)=(p_{ij}(t))(i,j \in I,t \geqslant 0)$。

一个连续时间马尔可夫链,每当它进入状态 i,具有如下性质:

(1)再转移到另一状态之前处于状态 i 的时间服从参数为 ϑ_i 的指数分布;

(2)当过程离开状态 i 时,接着以概率 p_{ij} 进入状态 j , $\sum_{j \neq i} p_{ij}=1$。

上述性质也是构造连续时间马尔可夫链的一个方法。

当 $\vartheta_i=\infty$ 时,称状态 i 为瞬时状态,因为过程一旦进入此状态立即就离开。若 $\vartheta_i=0$,称状态 i 为吸收状态,因为过程一旦进入此状态就永远不再离开了。尽管瞬时状态在理论上是可能的,但以后仍假设对一切 i,$0 \leqslant \vartheta_i < \infty$。因此,实际上一个连续时间马尔可夫链是一个这样的随机过程,它按照一个离散时间的马尔可夫链从一个状态转移到另一个状态,但在转移到下一个状态之前,它在各个状态停留时间服从指数分布。此外,在状态 i 过程停留的时间与下一个到达的状态必须是相互独立的随机变量。因为若下一个到达的状态依赖于 τ_i,那么过程处于状态 i 已有多久的信息与下一个状态的预报有关,这就与马尔可夫性的假定相矛盾。

5.6 平稳随机过程

1.平稳过程概念

在自然科学、工程技术中人们经常遇到这类过程,例如纺织过程中棉纱横截面积的变化;导弹在飞行中受到湍流影响产生的随机波动;军舰在海浪中的颠波;通信中的干扰噪声;等等。它们都可用平稳过程描述。这类过程一方面受随机因素的影响产生随机波动,同时又有一定的惯性,使在不同时刻的波动特性基本保持不变。其统计特性是,当过程随机事件的变化而产生随机波动时,其前后状态是互相联系的,且这种联系不随时间的延迟而改变。

例 5.10 设 $\{X_n,n=0,\pm 1,\pm 2,\cdots\}$ 是实的互不相关随机变量序列,且 $E[X_n]=0,D[X_n]=\sigma^2$。试讨论随机序列的平稳性。

解 因为 $E[X_n] = 0$ 及

$$R_X(n, n-\tau) = E[X_n X_{n-r}] = \begin{cases} \sigma^2 & (\tau = 0) \\ 0 & (\tau \neq 0) \end{cases}$$

其中，τ 为整数，故随机序列的均值为常数，相关函数仅与 τ 有关，因此它是平稳随机序列。

在物理和工程技术中，称上述随机序列为白噪声。它普遍存在于各类波动现象中，如电子发射波的波动，通信设备中电流或电压的波动等。这是一种较简单的随机干扰的数学模型。

定义 5.11 设 $\{X(t), t \in T\}$ 和 $\{Y(t), t \in T\}$ 是两个平稳过程，若它们的互相关函数 $E[X(t)\overline{Y(t-\tau)}]$ 及 $E[Y(t)\overline{X(t-\tau)}]$ 仅与 τ 有关，而与 t 无关，则称 $X(t)$ 和 $Y(t)$ 是联合平稳随机过程。

由定义有

$$R_{XY}(t, t-\tau) = E[X(t)\overline{Y(t-\tau)}] = R_{XY}(\tau)$$

$$R_{YX}(t, t-\tau) = E[Y(t)\overline{X(t-\tau)}] = R_{YX}(\tau)$$

当两个平稳过程 $X(t)$，$Y(t)$ 是联合平稳时，则它们的和 $W(t)$ 是平稳过程，此时有

$$E[W(t)\overline{W(t-\tau)}] = R_X(\tau) + R_Y(\tau) + R_{XY}(\tau) + R_{YX}(\tau) = R_W(\tau)$$

2. 相关函数性质

平稳过程 $X(t)$ 的相关函数 $R_X(\tau)$ 具有如下性质。

定理 5.2 设 $\{X(t), t \in T\}$ 为平稳过程，则其相关函数具有下列性质：

(1) $R_X(0) \geqslant 0$；

(2) $\overline{R_X(\tau)} = R_X(-\tau)$；

(3) $|R_X(\tau)| \leqslant R_X(0)$；

(4) $R_X(\tau)$ 是非负定的，即对任意实数 $t_1, t_2, \cdots, t_n$ 及复数 $a_1, a_2, \cdots, a_n$，有

$$\sum_{i,j=1}^{n} R_X(t_i, t_j) a_i \overline{a_j} \geqslant 0；$$

(5) 若 $X(t)$ 是周期为 T 的周期函数，即 $X(t) = X(t+T)$，则 $R_X(\tau) = R_X(\tau+T)$；

(6) 若 $X(t)$ 是不含周期分量的非周期过程，当 $|\tau| \to \infty$ 时，$X(t)$ 与 $X(t+\tau)$ 相互独立，则

$$\lim_{|\tau| \to \infty} R_X(\tau) = m_X \overline{m_X}$$

3. 平稳过程的各态历经性

平稳随机过程的统计特征完全由其前二阶矩函数确定。我们知道，对固定的时刻 t，均值函数和协方差函数是随机变量 $X(t)$ 的取值在样本空间上的概率

平均,是由 $X(t)$ 的分布函数确定的,通常很难求得。实际中,如果我们已经得到一个较长时间的样本记录,可由此获得平稳过程的数字特征的充分依据,即按时间取平均来代替统计平均。也就是说,只要观测的时间足够长,则随机过程的每个样本函数都能够"遍历"各种可能状态。随机过程的这种特性即谓遍历性或埃尔古德性,或叫各态历经性。

　　根据随机过程的定义可知,对于每一个固定的 $t \in T$,$X(t)$ 为一个随机变量,$E[X(t)] = m_X(t)$ 即为统计平均;对于每一个固定的 $e \in \Omega$,$X(t)$ 即为普通的时间函数,若在 T 上对 t 取平均,即得时间平均。

　　定义 5.12　设 $\langle X(t), -\infty < t < \infty \rangle$ 为均方连续的平稳过程,则分别称

$$\langle X(t) \rangle = \lim_{T \to \infty} \frac{1}{2T} \int_{-T}^{T} X(t) \, dt$$

$$\langle X(t) \overline{X(t-\tau)} \rangle = \lim_{T \to \infty} \frac{1}{2T} \int_{-T}^{T} X(t) \overline{X(t-\tau)} \, dt$$

为该过程的时间均值函数和时间相关函数。

　　定义 5.13　设 $\langle X(t), -\infty < t < \infty \rangle$ 是均方连续的平稳过程,若 $\langle X(t) \rangle = E[X(t)]$,即

$$\lim_{T \to \infty} \frac{1}{2T} \int_{-T}^{T} X(t) \, dt = m_X \tag{5.10}$$

以概率为 1 成立,则称该平稳过程的时间均值具有各态历经性。

　　若 $\langle X(t) \overline{X(t-\tau)} \rangle = E[X(t) \overline{X(t-\tau)}]$,即

$$\lim_{T \to \infty} \frac{1}{2T} \int_{-T}^{T} X(t) \overline{X(t-\tau)} \, dt = R_X(\tau) \tag{5.11}$$

以概率 1 成立,则称该平稳过程的相关函数具有各态历经性。

　　定义 5.13　如果均方连续的平稳过程 $\langle X(t), t \in T \rangle$ 的均值和相关函数都具有各态历经性,则称该平稳过程为具有各态历经性或遍历性。

　　从上面的讨论知,随机过程的时间平均是给定的 e,样本函数对 t 的积分值再取平均,显然积分值依赖于 e,故一般地,随机过程的时间平均是个随机变量.如果 $X(t)$ 是各态历经过程,则 $\langle X(t) \rangle$ 和 $\langle X(t) \overline{X(t-\tau)} \rangle$ 不再依赖 e,而是以概率 1 分别等于 $E[X(t)]$ 和 $E[X(t) \overline{X(t-\tau)}]$。这一方面表明各态历经过程各样本函数的时间平均实际上可以认为是相同的,于是对随机过程的时间平均也可以由样本函数的时间平均来表示,且可以用任一个样本函数的时间平均代替随机过程的统计平均。另一方面也表明 $E[X(t)]$ 和 $E[X(t) \overline{X(t-\tau)}]$ 必定与 t 无关,即各态历经过程必是平稳过程。

　　实际问题中,要严格验证平稳过程是否满足各态历经条件是比较困难的,但各态历经性定理的条件较宽,工程中所遇到的平稳过程大多数都能满足。

各态历经定理的重要意义在于它从理论上给出如下结论:一个实平稳过程,如果它是各态历经的,则可用任意一个样本函数的时间平均代替平稳过程的统计平均,即

$$m_X = \lim_{T \to \infty} \frac{1}{T} \int_0^T x(t) \mathrm{d}t , R_X(\tau) = \lim_{T \to \infty} \frac{1}{T} \int_0^T x(t) x(t+\tau) \mathrm{d}t$$

若样本函数 $x(t)$ 只在有限区间 $[0, T]$ 上给出,则对于实平稳过程有下列估计式

$$m_X \approx \hat{m}_X = \frac{1}{T} \int_0^T x(t) \mathrm{d}t \tag{5.12}$$

$$R_X(\tau) \approx \hat{R}_X(\tau) = \frac{1}{T-\tau} \int_0^{T-\tau} x(t) x(t+\tau) \mathrm{d}t \tag{5.13}$$

式(5.13)取积分区间 $[0, T-\tau]$,是因为 $x(t+\tau)$ 只对 $t+\tau \leqslant T$ 为已知,即 $0 \leqslant t \leqslant T-\tau$。

实际计算中,一般不可能给出 $x(t)$ 的表达式,通常采用模拟方法或数字方法来测量或计算式(5.12)和式(5.13)的估计值。

第6章　基于统计试验法的射表技术

6.1　引　　言

描述弹丸运动规律的弹道数学模型有质点弹道模型(3D)、刚体弹道模型(6D)、简化的刚体弹道模型(5D)、修正的质点弹道模型(4D)。这些模型尽管建立的假设不同,涉及的气动力参数不同,计算速度和精度不同,但都是将影响弹道特性的各因素看作普通变量,反映的是不同假设下弹道的运动规律,都没有考虑各种随机干扰因素的作用。

事实上,炮、弹、药作为完整的武器射击系统,受到各种随机干扰因素的影响,如瞄准误差、初速误差、弹重偏差、弹丸旋转运动的偏差、弹丸质心位置的偏差、转动惯量的大小及弹带嵌入位置的偏差、推力偏心的偏差、弹丸飞行时的阵风及气象条件的波动等,这些随机因素的影响,决定了射击现象本身是一个随机过程,使得武器的弹道性能产生极大的波动性,这种波动性用目前的弹道模型无法计算。例如,计算射弹密集度,用当前的弹道模型只能算得一条弹道,而无法算出由于随机因素的影响而产生的射弹散布。因此,要想真正反映弹道运动特性,必须要建立一个考虑这些随机干扰因素的弹道模型,这种描述弹道干扰运动的数学模型称为随机弹道模型。这种随机弹道模型是以近代概率论和数理统计理论为基础,运用理论力学和弹道学理论,将整个射击过程看作随机过程,对各种干扰因素加以分析和研究,进而全面分析弹道运动规律的过程。

6.2　基　本　思　想

为精确确定弹道诸元及散布特性,不能单纯采用通过大量射击试验,按数理统计学中古典概念的试验方法减少弹药消耗,必须运用试验与理论相结合的方法,即将试验数据与完整地描述物理过程的随机数学模型一同处理。这可用微分方程组加以描述。运动微分方程反映了弹丸的质心运动及绕质心的转动等,而且还包含各干扰因素,所有这些干扰因素,均可用随机变量和随机函数的形式反映在弹道运动的微分方程里。不失一般性,假设弹丸受干扰因素作用的随机弹道模型的一般形式为

$$\frac{\mathrm{d}y}{\mathrm{d}t} = f(y_1, y_2, \cdots, y_m, x_1, x_2, \cdots, x_k, t) \tag{6.1}$$

式中:f 为已知的线性或非线性函数;$x_1, x_2, \cdots, x_k$ 为表征干扰因素的随机参数;$y_1, y_2, \cdots, y_m$ 为飞行体的运动状态;t 为独立自变量。

在给定初始条件及随机参数的条件下,可求得方程组式(6.1)的唯一解。由于 $x_1, x_2, \cdots, x_k$ 是随机变量或随机函数,故方程组的解 $y_1, y_2, \cdots, y_m$ 也是随机参数,这些参数可以是弹丸空间坐标、攻角、偏角等,因而,求弹道参数估值的问题就变成了求方程组的解的统计特性(如数学期望、均方差)。

为确定方程组式(6.1)解的统计特性,必须知道随机干扰因素 $x_1, x_2, \cdots, x_k$ 的统计特性,而这些统计特性可从产品设计及试验前的各次飞行试验中获得。获取这些参数的统计特性后,按其分布律进行蒙特卡罗抽样,按式(6.1)求解得到一组随机解。对 $x_1, x_2, \cdots, x_k$ 的不同表现值反复积分 n 次,即可求得 $y_1, y_2, \cdots, y_m$ 的 n 组表现值,对这 n 组表现值进行统计处理,即可得到方程组式(6.1)解的统计特性。具体步骤为:建立随机弹道模型,对影响弹道的各个随机因素进行分析,确定哪些是随机变量,哪些是随机函数并确定出各参数的分布规律。根据各参数的统计特性产生各参数的伪随机数,代入模型解算,最后对解算结果进行统计处理,获得微分方程组的解。具体思路如图6.1所示。

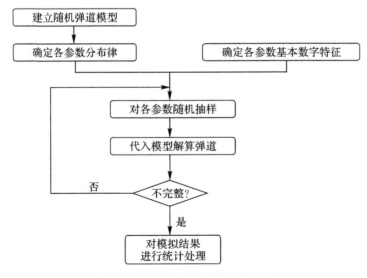

图 6.1　求解随机弹道方程的流程图

6.3　随机弹道模型

弹体运动受各种扰动因素的作用，主要包括气象扰动、空气动力特性（阻力系数、法向力系数、稳定力矩系数和阻尼力矩系数等）、发动机特性（推力、发动机工作时间）、弹丸的重量特性和外形特征（重量、转动惯量）等。这些扰动因素的作用，使弹丸在飞行过程中产生弹道偏差，形成散布。为了准确描述弹道运动特征，建立考虑这些随机因素的弹道模型，首先确定干扰因素的类型，并在此基础上给出理论模型。下面以火箭弹为例建立随机弹道模型。

6.3.1　基本概念

为方便阅读，下面介绍几个基本概念。

（1）随机试验。随机试验是在相同条件下对某随机现象进行大量重复观测的试验，任何随机试验都包含试验条件和试验结果两个方面，试验条件相同而试验结果具有随机性。随机试验具有三个特点：①每次试验的可能性不止一个，并且能事先明确试验的所有可能结果；②进行一次试验之前无法确定哪一个结果会出现；③可以在同一条件下重复进行试验。

（2）随机变量。随机变量是描述随机现象的量，它由随机试验的结果决定。描述随机变量取各种值的概率的规律，称为该随机变量的概率分布律。

（3）随机函数。在一定的条件下可以对某一物理量进行重复多次的测量，每次测量得到的现实不同，但所有现实之间存在着一定的统计规律性，称这个物理量为随机函数。即随机函数具有随机性和统计规律性。

随机函数不同于通常所说的确定函数。假设用时间 t 的函数 $f(t)$ 描述某一物理量，在一定条件下进行多次观测，则各次观测得到的现实记录是同一条函数 $f(t)$ 的曲线，具有一种确定性；而随机函数却是某一种现实曲线族的代表，用它描述的物理量是随机的，在一定条件下对它进行多次测量，则不同次测量得到的概率曲线可能不同，而这些记录曲线是那个现实曲线族中的曲线，不同观测回合得到不同的记录曲线。另外还应该注意到，对于某一个固定时刻 $t = t_0$，确定函数 $f(t)$ 在该时刻的值 $f(t_0)$ 是一个常量，而随机函数在该时刻的值 $f(t_0)$ 则是一个随机变量。随机函数在实际中随处可见，如飞机的飞行高度、高炮射击时的目标位置坐标、雷达测量目标位置误差等都是随机函数。

6.3.2　干扰因素的类型确定

前面讲过,影响弹道的干扰因素很多,要进行干扰特性对弹道影响的具体分析,必须确定出哪些是随机变量,哪些是随机函数,并找出它们的统计特性。

(1)由于起始扰动的作用,弹道初始条件 $u_0,\theta_0,\vartheta_0,x_0,y_0,z_0$ 应看作随机变量:

u_0 ——初速;

θ_0 ——初始射角;

ϑ_0 ——初始俯仰角;

x_0,y_0,z_0 ——发射点坐标。

(2)可将下列随机干扰因子视为随机变量:

d ——弹径;

η ——膛线缠度;

ϑ ——俯仰角;

φ ——偏航角;

h_0 ——地面空气压力。

(3)下列随机干扰因子可视为随机函数:

$C_{D_0}(\overline{M}_a)$ ——攻角 $\alpha = 0$ 时的阻力系数($\overline{M}$ 的随机函数);

α_T ——攻角(坐标和时间的函数);

$C_{l\alpha}$ ——一次项升力系数($\overline{M}_a$ 的随机函数);

$C_{yp\alpha}$ ——一次项马格努斯力系数($\overline{M}_a$ 的随机函数);

F_t ——发动机推力(时间的随机函数);

J_x ——极转动惯量(时间的随机函数);

J_y ——赤道转动惯量(时间的随机函数);

m ——弹丸质量(时间的随机函数);

τ ——空气温度(坐标的随机函数);

ρ ——空气密度(坐标的随机函数);

W_x ——水平风速(坐标和时间的随机函数);

W_y ——垂直风速(坐标和时间的随机函数);

W_z ——横向风速(坐标和时间的随机函数)。

(4)下列因子可视为普通变量:

$C_{D\alpha^2}$ ——诱导阻力系数;

$C_{l\alpha^3}$ ——三次项升力系数；

$\Lambda_x, \Lambda_y, \Lambda_z$ ——科氏惯性力；

g_x, g_y, g_z ——重力加速度；

C_{mpa} ——马格努斯力矩系数导数；

$C_{m\alpha}$ ——一次项静力矩系数；

$C_{m\alpha^3}$ ——三次项静力矩系数；

C_{lp} ——滚转阻尼力矩系数导数；

ω_x ——弹丸绕 x 轴旋转角速度；

ω_y ——弹丸绕 y 轴旋转角速度；

ω_z ——弹丸绕 z 轴旋转角速度；

γ ——滚转角；

$\dot{\gamma}$ ——滚转角速度；

R ——大气气体常数；

K ——大气绝热指数；

x, y, z ——弹丸质心坐标；

u_x, u_y, u_z ——弹丸飞行速度

Ma ——马赫数；

a ——音速；

P ——弹丸自转角速度。

在第 6.4 节中,我们将会对这些随机变量、随机函数的统计特性给出具体分析结果。

值得注意的是,对上述变量随机性的分类不是绝对的,应视研究问题的具体情况有所不同,如炮口坐标 x_0, y_0, z_0 ,一般情况下应视为随机变量,但当发射点给定时,应将其视为常量;再如,当考虑某一干扰因素对弹道的影响时,只需将该干扰因素视为随机变量,其他参数可视为普通变量。

例 6.1 以某型迫击炮为例,影响其弹道散布的干扰因素包括初始扰动、弹丸自身特征参数散布及气象条件等,根据迫击炮射表编拟的实际特点,确定初速 u_0、弹重 m 为随机变量且服从正态分布,阻力系数 $C_{D_0}(\overline{M})$ 和气象参数(风向、风速、气温、气压)为随机函数,其余参数视为普通变量。

6.3.3　随机弹道模型

依据外弹道理论,可建立如下随机弹道模型：

$$\frac{\mathrm{d}u_x}{\mathrm{d}t} = \frac{1}{m}F_\mathrm{t}\cos\vartheta\cos\varphi -$$

$$\frac{qS}{m}(C_{D_0} + C_{D\alpha^2} \cdot \alpha_\mathrm{T}^2)[\cos\varphi\cos(\alpha_\omega - \vartheta)\cos\beta_\omega + \sin\varphi\sin\beta_\omega] +$$

$$\frac{qS}{m}(C_{l\alpha}\alpha_\mathrm{T} + C_{l\alpha^3}\cdot\alpha_\mathrm{T}^3) \cdot \{\cos\varphi[\sin(\alpha_\omega - \vartheta)\cos\varphi - \cos(\alpha_\omega - \theta)\sin\beta_\omega\sin\varphi] +$$

$$\sin\varphi\cos\beta_\omega\sin\varphi\} - \frac{qS}{m}C_{yp\alpha}\left(\frac{Pd}{2V}\right)\alpha_\mathrm{T}\{\cos\varphi[\sin(\alpha_\omega - \vartheta)\sin\varphi +$$

$$\cos(\alpha_\omega - \vartheta)\sin\beta_\omega\cos\varphi] - \sin\varphi\cos\beta_\omega\cos\varphi\} + g_x + \Lambda_x$$

$$\frac{\mathrm{d}u_y}{\mathrm{d}t} = \frac{1}{m}F_\mathrm{t}\sin\vartheta -$$

$$\frac{qS}{m}(C_{D_0} + C_{D\alpha^2} \cdot \alpha_\mathrm{T}^2)\sin(\alpha_\omega - \vartheta)\cos\beta_\omega +$$

$$\frac{qS}{m}(C_{l\alpha}\alpha_\mathrm{T} + C_{l\alpha^3}\cdot\alpha_\mathrm{T}^3) \cdot [\cos(\alpha_\omega - \vartheta)\cos\varphi + \sin(\alpha_\omega - \theta)\sin\beta_\omega\sin\varphi] +$$

$$\frac{qS}{m}C_{yp\alpha}\left(\frac{Pd}{2V}\right)\alpha_\mathrm{T}[-\cos(\alpha_\omega - \vartheta)\sin\varphi + \sin(\alpha_\omega - \vartheta)\sin\beta_\omega\cos\varphi] + g_y + \Lambda_y$$

$$\frac{\mathrm{d}u_z}{\mathrm{d}t} = -\frac{1}{m}F_\mathrm{t}\cos\vartheta\sin\varphi -$$

$$\frac{qS}{m}(C_{D_0} + C_{D\alpha^2} \cdot \alpha_\mathrm{T}^2)[-\sin\varphi\cos(\alpha_\omega - \vartheta)\cos\beta_\omega + \cos\varphi\sin\beta_\omega] +$$

$$\frac{qS}{m}(C_{l\alpha}\alpha_\mathrm{T} + C_{l\alpha^3} \cdot \alpha_\mathrm{T}^3)$$

$$\{\sin\varphi[\sin(\alpha_\omega - \vartheta)\cos\varphi - \cos(\alpha_\omega - \theta)\sin\beta_\omega\sin\varphi] +$$

$$\cos\varphi\cos\beta_\omega\sin\varphi\} + \frac{qS}{m}C_{yp\alpha}\left(\frac{Pd}{2V}\right)\alpha_\mathrm{T}\{\sin\varphi[\sin(\alpha_\omega - \vartheta)\sin\varphi +$$

$$\cos(\alpha_\omega - \vartheta)\sin\beta_\omega\cos\varphi] + \cos\varphi\cos\beta_\omega\cos\varphi\} + g_z + \Lambda_z$$

$$\frac{\mathrm{d}x}{\mathrm{d}t} = u_x \ , \ \frac{\mathrm{d}y}{\mathrm{d}t} = u_y \ , \ \frac{\mathrm{d}z}{\mathrm{d}t} = u_z$$

$$\frac{\mathrm{d}\omega_x}{\mathrm{d}t} = \frac{1}{J_x}\{[\cos\alpha_\omega\cos\beta_\omega\sin\alpha_\mathrm{T} - (\sin\alpha_\omega\cos\varphi - \cos\alpha_\omega\sin\beta_\omega\sin\varphi)\cos\alpha_\mathrm{T}\} \cdot$$

$$[qSdC_{mpa}\left(\frac{Pd}{2V}\right)\alpha_\mathrm{T}] - (\sin\alpha_\omega\sin\varphi + \cos\alpha_\omega\sin\beta_\omega\cos\varphi) \cdot [qSd \cdot (C_{m\alpha}\alpha_\mathrm{T} + C_{m\alpha^3}\alpha_\mathrm{T}^3)]\} +$$

$$\frac{1}{J_x}qSdC_{lp}\left(\frac{Pd}{2V}\right)$$

$$\frac{\mathrm{d}\omega_y}{\mathrm{d}t} = -\frac{1}{J_y}\{[\sin\alpha_\omega\cos\beta_\omega\sin\alpha_\mathrm{T} + (\cos\alpha_\omega\cos\varphi + \sin\alpha_\omega\sin\beta_\omega\sin\varphi)\cos\alpha_\mathrm{T}] \cdot$$

$$[qSdC_{mpa}\left(\frac{Pd}{2V}\right)\alpha_\mathrm{T}] + (-\cos\alpha_\omega\sin\varphi + \sin\alpha_\omega\sin\beta_\omega\cos\varphi) \cdot [qSd \cdot (C_{m\alpha}\alpha_\mathrm{T} + C_{m\alpha^3}\alpha_\mathrm{T}^3)]\} -$$

$$\frac{J_x}{J_y}\omega_x\omega_z + \left[(\omega_x - \dot{\gamma})\omega_z\right] + \frac{1}{J_y}qSdC_{mpa}\left(\frac{\omega_y d}{2V}\right)$$

$$\frac{d\omega_z}{dt} = \frac{1}{J_y}\left\{(\sin\beta_\omega \sin\alpha_T - \cos\beta_\omega \sin\varphi\cos\alpha_T) \cdot \left[qSdC_{mpa}\left(\frac{Pd}{2V}\right)\alpha_T\right] + \right.$$

$$\cos\beta_\omega \cos\varphi \cdot qSd(C_{ma}\alpha_T + C_{ma^3}\alpha_T^3)\right\} + \frac{J_x}{J_y}\omega_x\omega_y - (\omega_x - \dot{\gamma})\omega_y +$$

$$\frac{1}{J_y}qSdC_{mpa}\left(\frac{\omega_z d}{2V}\right)$$

$$\frac{d\gamma}{dt} = \omega_x - \omega_y\tan\vartheta \,,\, \frac{d\varphi}{dt} = \frac{\omega_y}{\cos\vartheta} \,,\, \frac{d\vartheta}{dt} = \omega_z \qquad (6.2)$$

式中：$q = \frac{1}{2}\rho V^2$；S 为参考面积；m 为弹丸质量；ρ 为空气密度；d 为弹径；g_x，g_y，g_z，Λ_x，Λ_y，Λ_z 的表达式参见参考文献[3]。

$$\alpha_\omega = \vartheta - \arcsin\left(\frac{\sin\theta_\omega}{\cos\beta_\omega}\right)$$

$$\beta_\omega = \arcsin[\cos\theta_\omega \sin(\varphi - \varphi_w)]$$

$$u = \sqrt{u_x^2 + u_y^2 + u_z^2}$$

$$\theta = \arctan\left(\frac{u_y}{\sqrt{u_x^2 + u_z^2}}\right)$$

$$\varphi_v = -\arctan\left(\frac{u_z}{u_x}\right)$$

$$\theta_\omega = \arctan\left(\frac{V_y}{\sqrt{V_x^2 + V_z^2}}\right)$$

$$\varphi_w = -\arctan\left(\frac{V_z}{V_x}\right)$$

$$V = \sqrt{V_x^2 + V_y^2 + V_z^2}$$

$$V_x = u_x - W_x$$

$$V_y = u_y - W_y$$

$$V_z = u_z - W_z$$

$$\alpha_T = \arccos[\cos\alpha_\omega \cos\beta_\omega] \qquad (0° < \alpha_T < 90°)$$

$$\sin\varphi = -\frac{\cos\alpha_\omega \sin\beta_\omega}{\sin\alpha_T}$$

$$\cos\varphi = \frac{\sin\alpha_\omega}{\sin\alpha_T}$$

$$Ma = \frac{V}{a}$$

$$a = \sqrt{KgR\tau}$$

$$\rho = \frac{h_0\, e^{-\frac{1}{R}\int_0^y \frac{dy}{\tau}}}{gR\tau}$$

上述方程初始条件（$t = 0$ 时）为

$$u_x = u_0 \cos\theta_0 \cos(\varphi_v)$$

$$u_y = u_0 \sin\theta_0$$

$$u_z = -u_0 \cos\theta_0 \sin(\varphi_v)$$

$$x = x_0$$

$$y = y_0$$

$$z = z_0$$

$$\omega_x = \frac{2\pi u_0}{\eta d}$$

$$\omega_y = 0$$

$$\omega_z = 0$$

$$\gamma_0 = 0$$

$$\varphi_v = 0$$

式中：u_0 为初速；θ_0 为射角；φ_v 为弹道偏角。

在上述随机弹道模型中，如果去掉火箭推力项则成为炮弹的随机弹道模型。对于迫击炮，上述模型可简化为质点弹道模型（3D）。

6.4　随机弹道模型的解算方法

对随机弹道模型进行求解，需要用统计试验法，即蒙特卡罗法（Monte Carlo），按此方法需分别对模型中的随机参数进行抽样。

6.4.1　蒙特卡罗法

蒙特卡罗方法又称为随机模拟方法，有时也称为随机抽样或统计试验方法，是一种以概率统计理论为基础的计算方法，使用随机数（或更常见的伪随机数）来解决很多计算问题，特别适用于一些解析法难以求解甚至不可能求解的问题。该方法是将所求解的问题同一定的概率模型相联系，用计算机实现统计模拟或抽样，以获得问题的近似解。与一般数值计算方法有着很大区别，蒙特卡罗方法能够比较逼真地描述事物的特点及物理实验过程，从而解决一些数值方法难以解决的问题,因而其应用日趋广泛。

蒙特卡罗法的基本思想是:为了求解问题,首先建立一个概率模型或随机过程,使它的参数或数字特征等于问题的解,然后通过对模型或过程的观察或抽样试验来计算这些参数或数字特征,最后给出所求解的近似值。解的精确度用估计值的标准误差来表示。蒙特卡罗法的主要理论基础是概率统计理论,主要手段是随机抽样、统计试验。用蒙特卡罗法求解实际问题的基本步骤为:

(1)根据实际问题的特点,构造简单而又便于实现的概率模型,使所求得的解恰好是所求问题的概率分布或数学期望;

(2)给出模型中各种不同分布随机变量的抽样方法;

(3)统计处理模拟结构,给出问题的统计估计值和精度估计值。

6.4.2　随机变量的抽样

1.抽样基本原理

对服从不同分布律的随机变量抽样,常用的方法是在计算机上先产生$(0,1)$区间上均匀分布随机数,再通过各种数学变换产生所需分布的随机数。

由概率论知,假定某一随机变量 ξ 服从某给定分布律 $f(x)$,则随机变量 $\eta = \int_{-\infty}^{\xi} f(x)\mathrm{d}x$ 在$(0,1)$区间服从均匀分布。利用这一性质,可以获得服从给定分布律 $f(x)$ 的随机数 x,为此,在$(0,1)$区间抽取均匀分布随机数 ξ,然后,解下列方程中的 x:

$$\xi = \int_{-\infty}^{x} f(x)\mathrm{d}x \tag{6.3}$$

x 即为服从给定分布律 $f(x)$ 的随机数,而对某些难以求得式(6.3)积分值的变量,可利用其分布律的某些特征获取随机数。

2.参数抽样

(1)参数 u_0,θ_0,ϑ_0 的抽样。靶场实践已经证明,初速 u_0、速度与水平线的夹角 θ_0、弹轴与水平线的夹角 ϑ_0 均服从正态分布,假设地面气压 h_0、弹径 d 服从正态分布。

正态分布的一个主要特征是:服从任何分布的数量足够多的随机数之和服从正态分布,因此,可将随机数 x_i 表达为

$$x_i = \sum_{j=1}^{n} \lambda_j \tag{6.4}$$

式中,λ_j 为 0 到 1 区间服从均匀分布的随机数,当 n 足够大时,随机数 x_i 服从正态分布。x_i 的数学期望和均方根差分别为

$$E(x_i) = \frac{n}{2} \tag{6.5}$$

$$\sigma(x_i) = \frac{1}{2\sqrt{3}}\sqrt{n} \tag{6.6}$$

如果要求某个正态随机数 y_i 的数学期望为 $E(y_i) = a$ 且均方根差为 $\sigma(y_i) = \sigma$，则应将 x_i 按下式变换成 y_i：

$$y_i = \frac{\left(x_i - \dfrac{n}{2}\right)\sigma}{\dfrac{1}{2\sqrt{3}}\sqrt{n}} + a \tag{6.7}$$

为了使 y_i 服从 $N(a,\sigma^2)$ 分布，n 应足够大（约 10 个），常取 $n = 12$，则 $y_i = (x_i - 6)\sigma + a$，即

$$y_i = a + \left(\sum_{i=1}^{12} \lambda_i - 6\right)\sigma \tag{6.8}$$

因此，获取正态随机变量的具体步骤如下：

1）产生均匀分布 $U(0,1)$ 随机数 12 个，分别记为 $\lambda_1, \lambda_2, \cdots, \lambda_{12}$；

2）计算 $x = \lambda_1 + \lambda_2 + \cdots + \lambda_{12} - 6$；

3）计算 $y = a + \sigma x$。

y 即为服从 $N(a,\sigma)$ 分布的随机数。

（2）x_0, y_0, z_0 的抽样。假定 x_0, y_0, z_0 服从均匀分布，r 为 $U(0,1)$ 分布的随机数。设 $x_0 \sim U(a,b)$，其分布密度函数为

$$f(x_0) = \begin{cases} \dfrac{1}{b-a}, & a \leqslant x_0 \leqslant b \\ 0, & \text{其他} \end{cases} \tag{6.9}$$

则

$$r = \int_a^{x_0} \frac{\mathrm{d}x}{b-a} = \frac{x_0 - a}{b-a}$$
$$x_0 = a + (b-a)r \tag{6.10}$$

x_0 即为服从 $U(a,b)$ 分布的随机数。

因此，可用如下方法获取 x_0 的随机数：

1）产生均匀分布 $U(0,1)$ 的随机数 r；

2）计算 $x_0 = a + (b-a)r$，x_0 即为 $U(a,b)$ 分布的随机数。

同理可获取 y_0，z_0 随机数的抽样值。

（3）τ 抽样。假设发动机工作时间常数 τ 服从韦布分布，其分布密度函数为

$$f(\tau) = \begin{cases} \dfrac{m}{\tau_0}\tau^{m-1}\mathrm{e}^{-\frac{\tau^m}{\tau_0}}, & \tau \geqslant 0 \\ 0, & \text{其他} \end{cases} \tag{6.11}$$

则

$$r = \int_0^\tau \frac{m}{\tau_0} \tau^{m-1} e^{-\frac{\tau^m}{\tau_0}} d\tau = 1 - e^{-\frac{\tau^m}{\tau_0}}$$

$$\tau = \left(\tau_0 \ln \frac{1}{1-r} \right)^{\frac{1}{m}} \tag{6.12}$$

τ 即为服从韦布分布的随机数。

因此,可用如下方法获取 τ 随机数:

1)产生均匀分布 $U(0,1)$ 随机数 r ;

2)计算 $\tau = \left(\tau_0 \ln \dfrac{1}{1-r} \right)^{\frac{1}{m}}$ 。

(4) ϑ, φ 抽样。假设俯仰角 ϑ、偏航角 φ 服从对数正态分布,其分布密度函数为

$$f(x) = \frac{\lg e}{\sqrt{2\pi}\sigma x} e^{-\frac{1}{2}\left(\frac{\lg x - \mu}{\sigma}\right)^2} \tag{6.13}$$

可用如下方法产生随机数:

1)产生均匀分布 $U(0,1)$ 随机数 12 个,记为 $\lambda_1, \lambda_2, \cdots, \lambda_{12}$;

2)计算 $x = \lambda_1 + \lambda_2 + \cdots + \lambda_{12} - 6$;

3)计算 $y = a + \sigma x$;

4)计算 $K_1 = 10^y$ 。

K_1 即为服从对数正态分布的随机数。

(5)脱靶量 R 的抽样。脱靶量是表征弹丸命中精度非常重要的参数,其值直接关系到对目标毁伤效果的大小。在靶场的鉴定试验中,不仅要对脱靶量进行精确测量,而且必须对测量结果进行统计处理与分析。因此,其脱靶量的随机模拟抽样具有重要的现实意义。

靶场实践已经证明,脱靶量 R 服从瑞利分布,其分布密度函数为

$$f(R) = \begin{cases} \dfrac{R}{\sigma^2} e^{-\frac{R^2}{2\sigma^2}}, & R \geqslant 0 \\ 0, & \text{其他} \end{cases} \tag{6.14}$$

则

$$r = \int_0^R \frac{R}{\sigma^2} e^{-\frac{R^2}{2\sigma^2}} dR$$

$$R = \sigma \sqrt{-2\ln(1-r)} \tag{6.15}$$

R 即为服从瑞利分布的随机数。

因此,可用如下方法获取脱靶量 R 的随机数:

1)产生均匀分布 $U(0,1)$ 随机数 r ;

2)计算 $R = \sigma\sqrt{-2\ln(1-r)}$ 。

上述所确定的各随机变量分布类型只是初步分析结果,其精确的分布类型应由专业人员根据设计值及各次实弹飞行试验数据经统计分析研究得出。

例 6.2 对某型迫击炮弹 6 号装药,根据产品设计值及定型试验结果等先验信息可确定初速 u_0、弹重 m 分布为 $u_0 \sim N(263.82, 0.856^2)$，$m \sim N(4.17, 0.000\,466^2)$，表 6.1 为按照上述方法得到的初速 u_0、弹重 m 的一组随机抽样值。

表 6.1　弹重 m 和初速 u_0 的一组随机抽样值

序　号	1	2	3	4	5	6	7
弹重/kg	4.171	4.171	4.171	4.171	4.172	4.172	4.172
初速/(m·s⁻¹)	262.8	261.6	263.0	263.6	260.9	262.3	263.4

6.4.3　随机函数的抽样

自变量 y 的随机函数 $V(y)$ 即是对应于任何给定的自变量值,该函数的纵坐标是一个随机变量。

弹丸飞行过程是一个多因素的随机过程,其中的许多随机因素是随机过程,其对应的随机因素是随机函数,在许多情况下,不能将随机函数在各点上的现实简单地看作是一些互相独立的随机变量现实,因为随机函数在各点上的现实一般是互相相关的。

随机函数的基本数字特征是数学期望 $m_V(y)$、方差 $D_V(y)$ 和相关函数 $K_V(y_1, y_2)$。$m_V(y)$ 和 $D_V(y)$ 是自变量 y 的非随机函数,而 $K_V(y_1, y_2)$ 是两个自变量值 y_1 和 y_2 的非随机函数。在处理随机函数的观测值时主要任务是算出所有这些数字特征值。为了方便说明这些基本数字特征的计算方法,下面以风速为例予以详细介绍。

用 $V(y)$ 表示在射击区域某一高度 y 的气象数据,则 $V(y)$ 是随机变量。从 $y = 0$ 开始,在 $(n-1)h$ 高度内,每隔 h（m）进行一次观测,则 $\{V(y), y = 0, h, 2h, \cdots, (n-1)h\}$ 是一随机过程。记 $V_Y(y) = \{V(y), y = 0, h, 2h, \cdots, (n-1)h\}$，为研究 $V_Y(y)$，进行 m 次观测,即对每一高度 y 测得一组观测值 $v_k(y)(k = 1, 2, \cdots, m)$。根据这一组观测值,可以求得随机过程 $V_Y(y)$ 的基本数字特征,即数学期望 $m_V(y)$、方差 $D_V(y)$、相关函数 $K_V(y_i, y_j)(i = 1, 2, \cdots, n; j = 1, 2, \cdots, n)$。其中 $m_V(y)$，$D_V(y)$ 是自变量 y

的非随机函数,而 $K_V(y_i, y_j)$ 是自变量 y_i 和 y_j 的非随机函数。

$$m_V(y) = \frac{1}{m} \sum_{k=1}^{m} v_k(y) \tag{6.16}$$

$$D_V(y) = \frac{1}{m-1} \sum_{k=1}^{m} (v_k(y) - m_V(y))^2 \tag{6.17}$$

$$K_V(y_i, y_j) = \frac{1}{m-1} \sum_{k=1}^{m} (v_k(y_i) - m_V(y_i))(v_k(y_j) - m_V(y_j)) \tag{6.18}$$

获得了随机函数的基本数字特征后,如何应用这些基本数字特征求得随机函数 $V_Y(y)$ 的展开式是需要讨论的重点和难点问题。为此令 $V_V(y) = V_Y(y) - m_V(y)$,显然,$V_V(y)$ 也是一个随机函数,在 y 给定后,按随机函数的定义,$V_V(y)$ 是一个均值为零、方差为 $D_V(y)$ 的随机变量。我们知道,在不同高度上的气象诸元是相互影响的,因而,可以设 y_i 高度的综合因素为 x_i,它对 y 高度上的气象产生影响的程度为 $f_i(y)$,这样,可以将 $V_V(y)$ 表示为

$$V_V(y) = V_Y(y) - m_V(y) = \sum_{i=1}^{n} x_i f_i(y) \tag{6.19}$$

$$V_Y(y) = m_V(y) + \sum_{i=1}^{n} x_i f_i(y) \tag{6.20}$$

式中,x_i 是数学期望为 0 的互不相关的随机变量;$f_i(y)$ 为自变量 y 的非随机函数。

如果能够确定出 x_i 的方差 $D(x_i)$ 及 $f_i(y)$ 值,即可根据式(6.20)得出所讨论的随机函数 $V_Y(y)$。

随机函数 $V_Y(y)$ 的相关函数为

$$K_V(y_i, y_j) = E\left\{ \left[\sum_{k=1}^{i} x_k f_k(y_i) \right] \left[\sum_{k=1}^{j} x_k f_k(y_j) \right] \right\}$$

当 $i > j$ 时,$f_i(y_j) = 0$;

当 $i = j$ 时,$f_i(y_j) = 1$;

当 $i < j$ 时,由于 x_i,x_j 互不相关,故

$$K_V(y_i, y_j) = E\left[\sum_{k=1}^{i} x_k^2 f_k(y_i) f_k(y_j) \right] = \sum_{k=1}^{i} E(x_k^2) f_k(y_i) f_k(y_j)$$
$$= \sum_{k=1}^{i} D_k f_k(y_i) f_k(y_j)$$

由此得

$$f_i(y_j) = \frac{K_V(y_i, y_j) - \sum_{k=1}^{i-1} D_k f_k(y_i) f_k(y_j)}{D_i} \tag{6.21}$$

求出了随机函数的展开式,就不难获得随机函数的样本函数。这时,只需运

用前面所述的方法获得方差分别为 $D_1, D_2, \cdots, D_n$ 及 $f_i(y_j)$，用蒙特卡罗抽样获取服从给定分配律的随机数 $x_1, x_2, \cdots, x_n$，然后计算出：

$$\left.\begin{aligned}
v(y_1) &= m_V(y_1) + x_1 f_1(y_1) \\
v(y_2) &= m_V(y_2) + x_1 f_1(y_2) + x_2 f_2(y_2) \\
v(y_3) &= m_V(y_3) + \sum_{i=1}^{3} x_i f_i(y_3) \\
&\cdots\cdots \\
v(y_n) &= m_V(y_n) + \sum_{i=1}^{n} x_i f_i(y_n)
\end{aligned}\right\} \tag{6.22}$$

$v(y_1)$，$v(y_2)$，$\cdots$，$v(y_n)$ 即是随机函数 $V_Y(y)$ 的一个样本函数。

例 6.3 以风速为例。在 400m 高度内（取地面高度为 0），每隔 50m 观测一次风速，得 12 个随机函数的样本函数。试求该高度范围内风的随机函数表达式并获取一组模拟抽样值。

解：记下 12 个随机函数 $V(y)$ 在高度 y_1，y_2，$\cdots$，y_9 的数值。因此，对应于 y_1，y_2，$\cdots$，y_9 中某一个高度，随机函数现实 $V(y)$ 有 12 个值（见表 6.2）。

表 6.2　随机函数 $V(y)$ 的值

i	y_j								
	0	50m	100m	150m	200m	250m	300m	350m	400m
1	2.2	2.7	3.5	4.7	6.2	7.5	7.9	8.1	7.8
2	1.9	2.7	4.3	5.3	5.8	6.3	6.7	6.9	6.9
3	1.5	2.8	3.6	3.9	4.0	4.0	4.3	5.0	5.5
4	3.0	3.4	3.5	3.7	4.3	5.2	5.9	6.0	5.9
5	1.2	2.3	3.2	3.6	3.8	3.7	3.5	3.4	3.6
6	1.2	1.9	2.1	2.1	2.0	2.2	3.0	4.0	4.3
7	5.8	6.5	7.0	7.4	7.5	7.6	7.5	7.5	7.2
8	5.1	4.8	4.6	4.9	5.8	6.8	7.2	7.1	6.7
9	3.2	3.9	4.0	3.6	3.3	3.0	3.2	3.7	4.7
10	3.4	2.3	1.2	0.9	1.1	1.8	2.5	3.5	4.4
11	6.8	6.6	6.4	6.2	5.8	5.5	5.3	5.3	5.4
12	3.8	3.3	3.1	2.9	2.5	2.3	2.3	3.5	4.7

对每一个 y_j，用公式(6.16)~式(6.18)求出数学期望、方差和相关函数，将计算结果列于表 6.3 中。

表 6.3　基本数字特征

y	0m	50m	100m	150m	200m	250m	300m	350m	400m
$m_V(y)$	3.26	3.60	3.88	4.10	4.34	4.66	4.94	5.33	5.59
$D_V(y)$	3.39	2.51	2.60	3.10	3.70	4.44	4.25	3.04	1.74
$K_V(y_1,y_j)$	3.39	2.70	2.08	1.78	1.55	1.42	1.14	0.87	0.69
$K_V(y_2,y_j)$	—	2.51	2.31	2.17	1.97	1.76	1.45	1.07	0.78
$K_V(y_3,y_j)$	—	—	2.60	2.73	2.65	2.43	2.07	1.57	1.13
$K_V(y_4,y_j)$	—	—	—	3.10	3.24	3.18	2.83	2.21	1.59
$K_V(y_5,y_j)$	—	—	—	—	3.70	3.92	3.64	2.92	2.09
$K_V(y_6,y_j)$	—	—	—	—	—	4.44	4.29	3.50	2.52
$K_V(y_7,y_j)$	—	—	—	—	—	—	4.25	3.53	2.54
$K_V(y_8,y_j)$	—	—	—	—	—	—	—	3.04	2.24
$K_V(y_9,y_j)$	—	—	—	—	—	—	—	—	1.74

对每一个 t_j，可用式（6.16）～式（6.18）求出数学期望、方差和相关函数。计算结果列于表 6.3 中，图 6.2 为 t-$m_x(t)$ 曲线图。

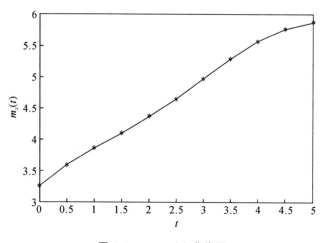

图 6.2　t-$m_x(t)$ 曲线图

获得了随机函数的基本数字特征后，可应用式（6.20）求取随机函数展开式，因此，首先要计算方差 $D(x_i)$ 和 $f_i(y_j)$，具体步骤如下：

$$D_1 = K_V(y_1,y_1) = 3.39$$

$$f_1(y_1) = 1.0$$

$$f_1(y_2) = \frac{K_V(y_1,y_2)}{D_1} = 0.79$$

……

$$f_1(y_9) = \frac{K_V(y_1, y_9)}{D_1} = 0.20$$

$$D_2 = K_V(y_2, y_2) - D_1 [f_1(y_2)]^2 = 0.37$$

$$f_2(y_1) = 0$$

$$f_2(y_2) = 1$$

$$f_2(y_3) = \frac{K_V(y_2, y_3) - D_1 f_1(y_2) f_1(y_3)}{D_2} = 1.79$$

......

同理可求得其余 $f_i(y)$ 值,其结果见表 6.4。算出的坐标函数图如图 6.3 所示。

表 6.4 $f_i(y) - y$ 数值表

y_j	0m	50m	100m	150m	200m	250m	300m	350m	400m
$f_1(y_j)$	1	0.79	0.61	0.52	0.46	0.42	0.34	0.26	0.20
$f_2(y_j)$	0	1	1.79	2.06	2.02	1.72	1.46	1.03	0.64
$f_3(y_j)$	0	0	1	1.92	2.52	2.94	2.78	2.43	1.94
$f_4(y_j)$	0	0	0	1	2.78	4.47	4.93	4.31	2.93
$f_5(y_j)$	0	0	0	0	1	1.88	2.22	1.20	0.89
$f_6(y_j)$	0	0	0	0	0	1	2.61	2.98	2.19
$f_7(y_j)$	0	0	0	0	0	0	1	2.54	3.11
$f_8(y_j)$	0	0	0	0	0	0	0	1	1.85
$f_9(y_j)$	0	0	0	0	0	0	0	0	1
D_i	3.39	0.37	0.15	0.07	0.03	0.02	0.01	0.04	0.01

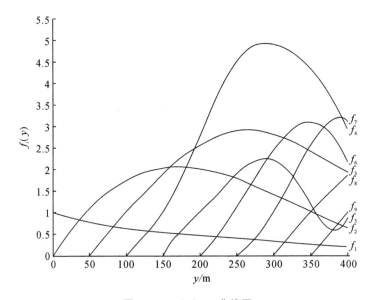

图 6.3 $f_i(y) - y$ 曲线图

将上述结果代入式(6.22)即可求得随机函数的现实为

$v(0) = 3.26 + x_1$

$v(50) = 3.6 + 0.79 \times x_1 + x_2$

$v(100) = 3.88 + 0.61 \times x_1 + 1.79 \times x_2 + x_3$

……

$v(400) = 5.95 + 0.2 \times x_1 + 0.64 \times x_2 + \cdots + x_9$

假设 $x_1, x_2, \cdots, x_n$ 服从正态分布, 现产生如下一组随机数:

$x_1 = -0.796\,4$, $x_2 = -1.013\,1$, $x_3 = 0.048\,5$

$x_4 = 0.076\,1$, $x_5 = -0.198\,6$, $x_6 = 0.168\,4$

$x_7 = 0.118\,9$, $x_8 = -0.007\,5$, $x_9 = 0.032\,7$

则可求得一组随机函数的现实为

$v(0) = 2.46$, 　$v(50) = 1.96$, $v(100) = 1.63$

$v(150) = 1.77$, $v(200) = 2.06$, $v(250) = 2.80$

$v(300) = 3.82$, $v(350) = 5.08$, $v(400) = 6.04$

对于气温、气压等气象诸元也用同样的方法进行处理。

6.4.4　随机数的统计检验

随机数产生以后, 能否应用于模拟试验中? 这就要对它们进行独立性(随机性)和均匀性检验。

1. 独立性检验

检验独立性的最有效方法之一是计算相邻一定间隔的数之间的相关系数, 然后判断相关程度。因为相关系数为零是两个随机变量相互独立的必要条件, 所以相关系数的大小可以衡量相关程度。

前后距离为 j 个数的相关系数为

$$\bar{\rho}_j = \frac{\left(\dfrac{1}{N-j} \sum_{i=1}^{N-j} r_i r_{j+i} - \bar{r}^2 \right)}{s^2} \tag{6.23}$$

式中, $\bar{r}$, s^2 分别为随机数序列的均值和方差。

对充分大的 $N(N-j > 50)$, 统计量 $u = \rho_j \sqrt{N-j}$ 渐近服从标准正态分布。若取显著水平 $\alpha = 0.05$, 则当 $|u| < 1.96$ 时可认为相关系数 ρ_j 与零无显著差别, 即认为随机数 r_i 与 r_{i+j} 之间不相关。反之, 则认为相关。

2. 均匀性检验

均匀性检验用来检查随机数在 $[0,1]$ 区间的数值分布是否均匀, 是否符合均匀概率分布。均匀性检验也称为频率检验,一般利用数理统计中的 χ^2 检验法来检验随机数的实际发生次数(频率)和理论频率的差异。

设从总体中选取一个样本 $r_1, r_2, \cdots, r_N$,将它按一定规则分为互不相交的 K 组,其中落入第 i 组的频数为 n_i 。已知落入第 i 组的理论频数为 $m_i = N/K$ $(i = 1, 2, \cdots, K)$,则检验统计量为

$$\chi^2 = \sum_{i=1}^{K} \frac{(n_i - m_i)^2}{m_i} \tag{6.24}$$

χ^2 的值可以衡量实际频率和理论频率的差异,也就是度量实际随机数分布的均匀程度。当两者完全符合时,$\chi^2 = 0$ 。

那么,χ^2 的值处于多大范围内才可以认为随机数抽样符合均匀性检验呢?一般情况下,先定一个显著水平 α ,并根据参数 v(自由度,$v = k = 1$),从 χ^2 表中查出 χ_α^2 的值。如果计算得到的 χ^2 值小于 χ_α^2 ,就认为符合均匀性假设。因为它符合

$$P(\chi^2 - \chi_\alpha^2) = 1 - \alpha \tag{6.25}$$

3. 参数检验

通常采用 u 检验方法检验随机数的分布参数的观测值和理论值的差异是否显著。

设从总体中选取样本 $r_1, r_2, \cdots, r_N$,样本均值 $E(r) = \mu$,方差 $D(r) = \sigma^2$,则 u 检验统计量为

$$u = \frac{\left(\frac{1}{N}\sum_{i=1}^{N} r_i - \mu\right)}{\sigma} \tag{6.26}$$

显然,u 服从标准正态分布 $N(0,1)$ 。

对于随机数序列 $r_1, r_2, \cdots, r_N$,随机数的一阶矩、二阶矩和方差的观测值为

$$\bar{r} = \frac{1}{N}\sum_{i=1}^{N} r_i \tag{6.27}$$

$$\bar{r^2} = \frac{1}{N}\sum_{i=1}^{N} r_i^2 \tag{6.28}$$

$$s^2 = \frac{1}{N}\sum_{i=1}^{N} \left(r_i - \frac{1}{2}\right)^2 \tag{6.29}$$

根据随机数的理论分布,不难计算:

$$\left. \begin{array}{ll} E(\bar{r}) = \dfrac{1}{2}, & D(\bar{r}) = \dfrac{1}{12N} \\[2mm] E(\bar{r^2}) = \dfrac{1}{3}, & D(\bar{r^2}) = \dfrac{4}{45N} \\[2mm] E(s^2) = \dfrac{1}{12}, & D(s^2) = \dfrac{1}{180N} \end{array} \right\} \tag{6.30}$$

利用式 $u = \dfrac{\left(\dfrac{1}{N}\sum\limits_{i=1}^{N} r_i - \mu\right)}{\sigma}$，则相应检验统计量分别为

$$\left.\begin{aligned}
u_1 &= \sqrt{12N}\left(\bar{r} - \frac{1}{2}\right) \\[2mm]
u_2 &= \frac{1}{2}\sqrt{45N}\left(\bar{r^2} - \frac{1}{3}\right) \\[2mm]
u_3 &= \sqrt{180N}\left(s^2 - \frac{1}{12}\right)
\end{aligned}\right\} \tag{6.31}$$

它们渐近服从标准正态分布 $N(0,1)$。

若显著水平 $\alpha = 0.05$，则 u 检验拒绝域为 $|u| \geqslant 1.96$。

6.4.5 随机弹道模型的精度问题

在随机弹道模型中，随机因素较多，因而在计算机上进行的"弹丸飞行"过程是一个多因素的复杂过程，用随机模拟的方法精度如何？能否满足实际需要？下面我们从理论上给予分析。

假定某个随机变量 X 等于 K 个数学期望为 M_i 及均方根差为 σ_i 的独立随机变量 x_i（$i = 1, 2, \cdots, k$）之和，求 X 的数学期望 M。在一次试验中，设 X 的数学期望 M 和标准差 σ 分别为

$$M = \sum_{i=1}^{k} M_i \text{ 和 } \sigma = \sqrt{\sum_{i=1}^{k} \sigma_i^2}$$

均方根差变异系数为

$$\frac{\sigma}{M} = \frac{\sqrt{\sum\limits_{i=1}^{k} \sigma_i^2}}{\sum\limits_{i=1}^{k} M_i} \tag{6.32}$$

若 $M_1 = M_2 = \cdots = M_i = M_1$ 且 $\sigma_1 = \sigma_2 = \cdots = \sigma_i = \sigma_1$，则有

$$\frac{\sigma}{M} = \frac{\sigma_1}{M_1 \sqrt{k}} \tag{6.33}$$

由此可见，随着被模拟过程中独立随机变量个数 k 的增加，均方根差变异系数 $\dfrac{\sigma}{M}$ 不断减小。如果诸随机变量 x_i 是相关的，则有

$$\begin{aligned}
\sigma^2 &= D(x_1 + x_2 + \cdots + x_k) = \sum_{i=1}^{k} Dx_i + 2\sum_{i<j} \text{Cov}(x_i, x_j) \\
&= k\sigma_1^2 + 2\sum_{i<j} r Dx_i Dx_j = k\sigma_1^2 + 2r\sigma_1^2 P_k^2/2 = k\sigma_1^2 + rk(k-1)\sigma_1^2
\end{aligned}$$

即

$$\sigma = \sqrt{k\sigma_1^2 [1 + r(k-1)]} \tag{6.34}$$

式中，r 为相关系数（假设任何两个随机变量之间的相关系数都相等）。

变异系数为

$$\frac{\sigma}{M} = \frac{\sqrt{k\sigma_1^2 [1 + r(k-1)]}}{kM_1} = \frac{\sigma_1}{M_1} \sqrt{\frac{1 + r(k-1)}{k}} \tag{6.35}$$

此时，均方根差变异系数 $\dfrac{\sigma}{M}$ 随 k 的增大而减小得虽较缓慢，但仍是减小的，这就是说，所研究的过程愈复杂（即随机因素愈多），用统计试验法求随机变量的数学期望就愈精确。那么用统计试验法确定某个随机变量的均方根差时情况又如何呢？

设随机变量 z 为 k 个随机变量 y 之和，即 $z = \displaystyle\sum_{i=1}^{k} y_i$ ，且 $\sigma_{y1} = \sigma_{y2} = \cdots = \sigma_y$ ，下面求 z 的均方根差。

这时由 $\overline{z} = \displaystyle\sum_{i=1}^{k} \overline{y_i}$ 及式（6.35）得

$$\sigma_z^2 = k\sigma_y^2 + k(k-1)r\sigma_y^2 \tag{6.36}$$

进行 N 次试验后，得出的统计方差为

$$S_z^2(N-1) = \sum_{j=1}^{N}(z_j - \overline{z})^2 = \sum_{i=1}^{k}\sum_{j=1}^{N}(y_{ij} - \overline{y_i})^2 + 2\sum_{\substack{i=1 \\ l=1 \\ l \neq i}}^{k}\sum_{j=1}^{N}(y_{ij} - \overline{y_i})(y_{ij} - \overline{y_l}) \tag{6.37}$$

由于

$$\sum_{j=1}^{N}(y_{ij} - \overline{y_i})^2 = (N-1)S_{y_i}^2$$

及

$$\sum_{j=1}^{N}(y_{ij} - \overline{y_i})(y_{ij} - \overline{y_l}) = (N-1)m_{y_i y_l}$$

式中，$m_{y_i y_l}$ 为统计相关矩。因此得

$$S_z^2 = \sum_{i=1}^{k} S_{y_i}^2 + 2\sum_{\substack{i=1 \\ l=1 \\ l \neq i}}^{k} m_{y_i y_l} \tag{6.38}$$

在 N 次试验中有

$$\sigma^2(S_y^2) = \frac{2\sigma_y^4}{N-1}$$

$$\sigma^2(m_{y_i y_l}) = \frac{1 - r^2}{N - 1} \sigma_{y_i}^2 \sigma_{y_l}^2$$

若所有 σ_y 均相同,则

$$\sigma^2(S_z^2) = k\sigma^2(S_y^2) + 2k(k-1)\sigma^2(m_{y_i y_l})$$

$$= \frac{2k\sigma_y^4}{N - 1} + \frac{2k(k-1)}{N - 1}(1 - r^2)\sigma_y^4 \tag{6.39}$$

于是可得

$$\sigma(S_z^2) = \frac{\sigma_y^2 \sqrt{2k}}{\sqrt{N - 1}} \sqrt{1 + (k-1)(1 - r^2)} \tag{6.40}$$

$$\frac{\sigma(S_z^2)}{\sigma_z^2} = \sqrt{2} \frac{\sqrt{1 + (k-1)(1 - r^2)}}{\sqrt{k(N-1)[1 + r(k-1)]}} \tag{6.41}$$

假设诸变量 y_i 互不相关,即 $r = 0$,得

$$\frac{\sigma(S_z^2)}{\sigma_z^2} = \frac{\sqrt{2}}{\sqrt{N - 1}} \tag{6.42}$$

这就是说,统计方差 S_z^2 的均方根差与过程中随机因素的个数 k 无关。假设诸变量 y_i 线性相关,即 $r = 1$,得

$$\frac{\sigma(S_z^2)}{\sigma_z^2} = \frac{\sqrt{2}}{k\sqrt{k(N-1)}} \tag{6.43}$$

故在此情况下,统计方差的均方根差随过程中随机因素个数 k 的增加而急剧减小。

因此,当过程中各随机变量之间的相关性较强时,采用统计试验法求均方根差可以获得较高的精确度。

综上所述,应用随机弹道模型解算弹道可获得较高的精度。

6.4.6　计算方法

随机弹道模拟计算的具体过程如下:

(1)首先确定各随机干扰因素的概率分布及数字特征,然后应用蒙特卡罗方法进行干扰因素抽样,将抽样结果代入随机弹道模型中积分弹道。

(2)处于弹道上第 i 点,并已知该点的弹道诸元,由随机参数分布律,再应用蒙特卡罗法随机抽取新的弹道参数值,将弹道参数及弹道诸元代入随机弹道模型,计算第 $i+1$ 点的弹道诸元。

(3)判断第 $i+1$ 点弹道诸元是否满足计算终止条件,是则停止计算,否则转入步骤(2)。

（4）上述过程重复 N 次，即可获得 N 次弹道模拟结果。

（5）对这 N 次模拟结果进行统计分析。

6.5　射表编拟方法

现行的射表编拟方法把本来属于随机变量或随机函数的干扰因素仅作为一般变量或常量处理，因此，精确估计弹道诸元及变化规律必须采用实弹射击，在各个条件下进行大量试验。虽然射表专业技术人员开展了大量研究，和历史比已大幅度减少了试验用弹量，但仍然要在每个试验点上射击 3 组，每组 7 发，共 21 发，编拟一个普通榴弹的射表耗弹量 100 发左右，这对于一般的常规武器弹药当然是可行的，但对于某些高精度武器，由于造价昂贵，则是难以接受的。长期以来，靶场射表工作者一直致力于寻找在保证射表精度的前提下减少试验用弹量的途径。在建立了随机弹道模型并给出了具体解算方法后，就可以在计算机上进行射击试验，然后用少量实弹射击的结果对模拟计算进行校正，从而达到在保证精度前提下，节省用弹量的目的。

6.5.1　随机"射表试验"方法

（1）对给定的武器系统获取表征各扰动因素的随机变量、随机函数的分布律及相应的参数。这里的核心问题是，对给定的武器弹药系统，对每一随机变量、随机函数分布律及分布中的参数，要完整、准确地具体确定，如果这些分布律及参数的确定有大的偏差，则"飞行试验"结果与实际射击试验结果将会相差较大。

（2）抽取各扰动因素的样本值。在第 6.4 节中已具体介绍了抽取各扰动因素的方法，实施时，只需将所确定的具体参数代入即可。需要注意的是，每抽取一次，需记录所抽参数值，以备后用。

（3）用随机弹道模型解算弹道至炮口水平面，得落点坐标 (x_i, z_i)。

（4）模拟 n 次（组数），每次 m 发（即 m 条弹道），求落点坐标平均值 $\bar{x}, \bar{z}$，密集度 E_x, E_z 及密集度组平均值 $\bar{E}$，即

$$\left. \begin{aligned} \bar{x} &= \frac{1}{n}\sum_{i=1}^{n} x_i \\ \bar{z} &= \frac{1}{n}\sum_{i=1}^{n} z_i \end{aligned} \right\} \tag{6.44}$$

$$E_x = 0.674\ 5\sqrt{\frac{1}{n-1}\sum_{i=1}^{k}(x_i-\overline{x})^2} \left.\vphantom{\begin{array}{c}1\\1\end{array}}\right\}$$

$$E_z = 0.674\ 5\sqrt{\frac{1}{n-1}\sum_{i=1}^{n}(z_i-\overline{z})^2} \tag{6.45}$$

$$\overline{E} = \sqrt{\frac{(n_1-1)E_1^2+(n_2-1)E_2^2+\cdots+(n_N-1)E_N^2}{n_1+n_2+\cdots+n_N}} \tag{6.46}$$

整个结果列于表 6.5 中。

表 6.5　试验数据统计表

z	1	2	$\cdots$	n
落点坐标	$x_{1,1},z_{1,1}$ $x_{1,2},z_{1,2}$ $\vdots$ $x_{1,m},z_{1,m}$	$x_{2,1},z_{2,1}$ $x_{2,2},z_{2,2}$ $\vdots$ $x_{2,m},z_{2,m}$		$x_{1,1},z_{1,1}$ $x_{1,2},z_{1,2}$ $\vdots$ $x_{1,m},z_{1,m}$
密集度	E_{x1},E_{z1}	E_{x2},E_{z2}		E_{xn},E_{zn}
组平均密集度	$\overline{E_x},\overline{E_z}$			

(5)对"试验"结果进行全面审查、分析。这里主要分析弹道统计特性,即弹道诸元在全弹道的变化规律、随射角的变化规律等。如有异常,则要从随机干扰因素的参数确定中寻找原因并加以修正。这一步相当于现行射表试验方法试验后对试验结果分析。另外,虽然抽样时已经对伪随机数进行了检验,但射表编拟数据量大,容易产生周期性重复,因此这一步要全面细致。

6.5.2　进行少量实弹射击试验,对模型进行校正或修正

其具体方法是:对一个试验点进行实弹射击试验 1 组 m 发,射击时,对风等随机函数要按第 6.4 节提出的要求提供观察结果。比较实弹射击结果和"飞行试验"结果。如果坐标不一致,则对随机变量分布中的均值参数进行调整使其一致,如果密集度不一致,则对其方差参数进行调整,使其一致,调整方法采用射表编拟中"符合"计算方法的思想,即对均值参数前置以修正因子 f_u,方差参数前置以修正因子 f_σ,设 $X_{模拟}$ 为模拟结果,$X_{试验}$ 为试验结果,给定 $\varepsilon > 0$,若

$$|X_{模拟}-X_{试验}| \leqslant \varepsilon$$

$$|Z_{模拟}-Z_{试验}| \leqslant \varepsilon$$

则认为二者一致,否则认为二者不一致。

这里需要指出的是:模型中有好多随机变量和随机函数,校正时要调整哪个随机参数?按射表理论中的"符合"思想,主要应调整影响显著的参数。对射程应调整阻力系数 C_D 的均值,对横偏应调整升力系数的均值,对密集度通过符合随机参数初速、跳角等气动参数的方差。现阶段,校正试验可在三个射角上进行,各射角实弹射击试验 1 组 7 发,用弹量共 7～21 发。

6.5.3　射表编拟方法

1.制作修正因子 f_u, f_σ 曲线

这一思想和现行射表编拟制作符合系数曲线方法类同。现行编拟方法中对绘制该曲线提出了许多约束条件,这些约束条件绝大多数仍需继续采用,但由于采用了随机弹道模型,提高了射表精度,因此,原方法在拟合中允许"曲线偏离原始点的精度要求"应提高,具体提高多少,应按获取的弹道参数分布特性的情况具体确定。拟合可采用加权最小二乘法或条件最小二乘法。拟合时,在精度要求下,曲线的次数不宜过高。

2. 基本诸元的计算

射表中的基本诸元是标准条件下弹道诸元的集合。为计算标准条件下的弹道诸元,需将模型简化为符合标准条件的模型,具体做法是:在模型中扣除非标准条件下的干扰因素,并置以相应的标准条件,其中包含随机气象干扰因素,用标准气象条件代替,初速、弹重分别用表定初速、表定弹重代替,等等。具体方法如下:对给定的射角 θ_0,在修正因子曲线上读取该射角的修正因子 f_u, f_σ,同时在干扰参数曲线中读取该射角对应的干扰参数,因为有些干扰因素分布中的参数是随射角 θ_0 变化的,如干扰因素跳角,小射角下跳角分布的均值和方差较大,大射角下则很小。

将这些参数代入标准模型中,再进行"飞行试验",即在这些给定条件下抽样后,在计算机上积分至落点得 x, y, z, u_z, u_y, u_z,然后按现行射表编拟中的有关公式计算基本诸元,即

射距离 X_N:

$$X_N = \sqrt{x^2 + z^2}$$

瞄准角 α:

$$\alpha = \frac{60}{3.6}(\theta_0 - r)$$

式中,r 为表定跳角。

落速 V_c:

$$V_c = \sqrt{u_x^2 + u_y^2 + u_z^2}$$

落角 θ_c：

$$\theta_c = \arctan \frac{u_y}{\sqrt{u_x^2 + u_z^2}} + \arctan \frac{x}{R}$$

式中，R 为地球半径。

偏流 Z：

$$Z = 955 \frac{z}{x}$$

飞行时间 T：

$$T = t$$

最大弹道高 Y 用插值法求出。

通常重复 2 000～10 000 次，每次 7 条弹道，即"飞行试验"2 000～10 000 组，每组 7 发。

3. 修正诸元的计算

现行射表中计算修正诸元采用的"求差法"，其基本方法仍然继续采用，不同的是各干扰因素中的参数及 f_u，f_σ 要按计算基本诸元的方法确定，同样要重复 n 组（2 000～10 000 组），每组 m 发（7 发）。

4. 公算偏差的计算

原来计算公算偏差的方法是利用公式（6.50）、式（6.51）

$$B_x = \sqrt{\left(\frac{\partial X}{\partial F_D} r_{F_D}\right)^2 + \left(\frac{\partial X}{\partial V_D} r_{V_0}\right)^2 + \left(\frac{\partial X}{\partial \theta_0} r_{\theta_0}\right)^2} \tag{6.47}$$

$$B_z = \sqrt{(X \tan\theta_0 \cdot r_{F_L})^2 + \left(\frac{X}{955} \cdot r_\omega\right)^2} \tag{6.48}$$

这一方法的思想是依赖于大量的试验结果，尽管原方法每组做 7 发，共做 3 组，但其精度仍然很差，其理由见参考文献[3]，在建立起随机弹道模型并对模型中干扰因素的参数具体确定后，就可以通过"飞行试验"精确确定公算偏差，而不必再采用上述落后的方法。其具体方法很简单，即只需进行大量重复"飞行试验"即可。在现阶段，射表中的公算偏差是样本量为 3 组 21 发的估值，因此"飞行试验"仍每组按 7 发抽样，但要重复 2 000～10 000 组，将其平均值作为表定值。实际上可将发数增加为大样本，不分组，但考虑使用中的衔接问题，仍采用分组抽样方法。

关于射表中其他诸元的计算，应用上述思想很容易计算，这里就不再一一列举。

上述结果表明，随机弹道模型理论用于射表编拟中，本质上等于建立起了一套"仿真试验和少量实弹射击试验相结合"的射表编拟方法。其优点,一是减少射表试验实际用弹量,与现行方法相比,对一个试验减少用弹量约 70%;二是由于"飞行试验"次数非常多,"飞行试验抽样"更具全局性、代表性,因而提高了射表精度。

这一方法应用的前提是:对给定的武器弹药系统,必须先对干扰因素、各分布中的参数进行精确确定,当这些参数绝大多数不能获得时,该方法的应用将受到限制,如果仅个别参数的确定有困难,可以通过适当增加"校正"试验样本量的办法来解决。

第7章　小口径高(海)炮射表编拟技术

7.1　引　言

高(海)炮从第一次世界大战诞生至今,经历了复杂的发展过程。目前,大、中口径的高(海)炮大多被防空导弹所代替,而高性能的小口径高(海)炮武器系统则成为防御武装直升机、无人侦察机、巡航导弹、攻击机等低空、超低空侵袭攻击武器的利器。尤其是口径在 20～40 mm 间的小口径高(海)炮备受世界各国重视,各种高性能的小口径高(海)炮已经大量装备各国军队。

众所周知,射表对武器系统的综合效能起到至关重要的作用,关于小口径高(海)炮射表编拟方法,目前有两种方法,一是 GJB450—2002《小口径高(海)炮射表编拟方法》中给出的方法:选用两个射角进行对空射击,用坐标雷达测量弹丸在空间飞行至有效斜距终点时的坐标,然后在实际条件下符合该点坐标;另一种方法是在靶场的有关资料中给出的:用坐标雷达测量弹丸在空间运动时不同射角、不同时间的一系列坐标 (x_i, y_i, z_i) (即对空弹道网),然后在实际条件下,符合实测弹道坐标 (x_i, y_i, z_i)。这两种方法均采用多射角射击,只是符合方法有所不同。由于高(海)炮是用于对付空中活动目标的,在射击区域内的任一点都有可能出现目标,因此射表编拟试验通常要进行对空弹道网试验,即多射角全弹道符合的试验方法。该方法耗弹量大,试验周期长,符合计算数据处理量大且烦琐,本章节通过对小口径高(海)炮弹丸弹道自身特点进行理论分析,寻找其内在规律,并以此为途径,给出一种新的小口径高(海)炮射表编拟方法,极大地节省试验用弹量。

7.2　小口径高(海)炮弹道特性

小口径高(海)炮弹道特性:不同射角的弹道在有效射距离内呈直线型,阻力系数和符合系数不随射角变化。

下面以某型高炮爆破榴弹射表试验为例。

例 7.1 试验条件：弹丸由同一批次随机抽取，药温为 15℃，射角为 15°，45°，75°，试验过程中火炮操作手、测试设备及人员均不变。

试验结果：图 7.1 是不同射角下的实测二维弹道图，图 7.2～图 7.5 为各射角下弹丸自身阻力系数的平均值，表 7.1 为不同射角阻力系数平均值和标准差，表 7.2 为各射角的符合系数和标准差，图表中的 Ma 为马赫数（弹速与音速之比）。

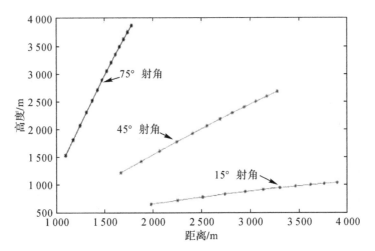

图 7.1　实测弹道坐标图

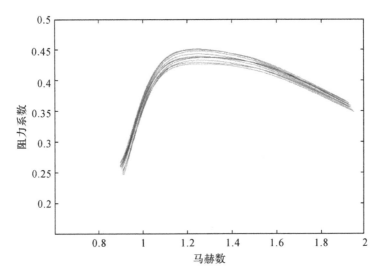

图 7.2　15°射角阻力系数

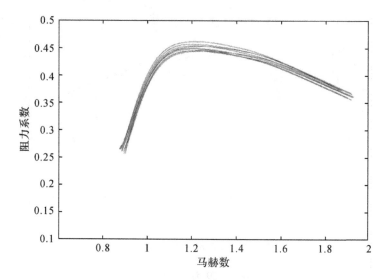

图 7.3　45°射角阻力系数

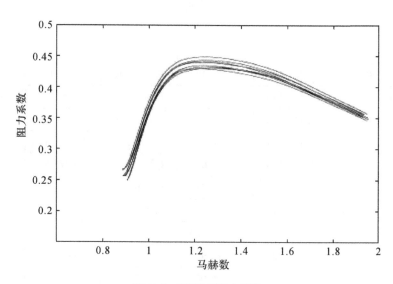

图 7.4　75°射角阻力系数

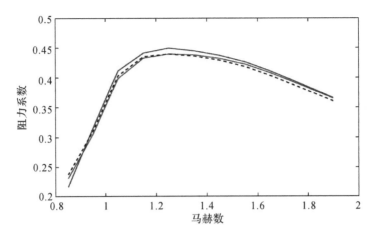

图 7.5　各射角平均阻力系数

表 7.1　不同射角阻力系数平均值、标准差

马赫数	射角					
	平均值			标准差		
	15°	45°	75°	15°	45°	75°
0.85	0.236 650	0.251 000	0.257 420	0.056 009	0.037 426	0.045 735
0.95	0.355 650	0.325 145	0.330 410	0.007 811	0.009 116	0.014 639
1.05	0.441 220	0.418 282	0.422 930	0.006 493	0.011 016	0.011 820
1.15	0.466 860	0.452 364	0.454 670	0.006 245	0.009 419	0.010 842
1.25	0.469 130	0.459 136	0.459 050	0.006 132	0.007 972	0.010 199
1.35	0.464 400	0.457 536	0.455 610	0.005 956	0.007 467	0.009 547
1.45	0.456 690	0.451 618	0.448 700	0.005 703	0.006 640	0.008 838
1.55	0.445 890	0.441 982	0.437 960	0.005 014	0.005 647	0.007 311
1.65	0.430 510	0.427 536	0.422 960	0.004 562	0.005 068	0.006 262
1.75	0.412 930	0.410 845	0.406 000	0.004 278	0.004 985	0.005 501
1.85	0.394 690	0.393 436	0.388 740	0.004 110	0.005 378	0.004 867
1.90	0.385 590	0.384 664	0.380 070	0.004 007	0.005 577	0.004 599

表 7.2　不同射角符合系数均值、标准差

射角	15°	45°	75°
均　值	1.122 785	1.128 299	1.126 921
标准差	0.012 379	0.007 462	0.013 212

由图 7.1 可以看出,不同射角的弹道在有效射距离内呈直线型;由图 7.2 及表 7.1 可以看出,不同射角阻力系数平均值相差很小而且散布小;由表 7.2 可以看出,不同射角下的符合系数相差很小。那么不同射角阻力系数、符合系数是否一致?

下面用多总体均值比较的方法来检验,检验方法如下:

设来自 k 个总体 $x_1,x_2,\cdots,x_k$ 的样本值 $(x_{11},x_{12},\cdots,x_{1n_1})$,$(x_{21},x_{22},\cdots,x_{2n_2})$,$\cdots$,$(x_{k1},x_{k2},\cdots,x_{kn_k})$。

计算各个样本的均值 $\overline{x_i}$ 和样本方差 S_i^2:

$$\overline{x_i} = \frac{1}{n_i}\sum_{j=1}^{n_i} x_{ij}$$

$$S_i^2 = \frac{1}{n_i-1}\sum_{j=1}^{n_i}(x_{ij}-\overline{x_i})^2 \quad (i=1,2,\cdots,k)$$

为将极差 $\max|(\overline{x_i}-\mu_i)-(\overline{x_j}-\mu_j)|$(式中 μ_i,μ_j 为各总体均值)化为标准极差,假定各个平均值 $\overline{x_i}$ 的方差相等,该方差的无偏估计为

$$S^2 = \frac{\sum_{i=1}^{k}(n_i-1)S_i^2}{\sum_{i=1}^{k}(n_i-1)} \quad (i=1,2,\cdots,k)$$

这样,当各总体均值一致时,则

$$\frac{\max_{i,j}|\overline{x_i}-\overline{x_j}|}{S\sqrt{\dfrac{1}{k}\sum_{k=1}^{k}\dfrac{1}{n_i}}}$$

为标准正态极差,因此统计量 q_{kv} 是具有参数 k,$v=\sum_{i=1}^{k}(n_i-1)$ 的 t 化极差,给定显著水平 α,由 k,v 查 t 化极差表得 q_α 值。

判断准则:

若 $q_{kv} > q_\alpha$,则认为各总体的均值不全相等;

若 $q_{kv} > q_\alpha$,则无理由认为总体的均值不全相等。

应用上述方法,计算各马赫数下的统计量 q_{kv} 值(计算结果见表 7.3),取显著水平 $\alpha=0.01$,$k=3$,$v=27$,查表可得 $q_\alpha=4.50$,显然,各马赫数下均有 $q_{kv} < q_\alpha$,由上述判断准则可知,不同射角阻力系数平均值一致。

同理对符合系数可求得统计量 $q_{kv}=1.54 < q_\alpha < 4.50$,可认为不同射角符合系数平均值一致。

表7.3　各马赫数下的 q_{kv} 值

马赫数	0.85	0.95	1.05	1.15	1.25	1.35	1.45	1.55	1.65	1.75	1.85	1.90
q_{kv}	1.40	3.04	4.07	2.97	3.85	3.57	3.52	4.13	4.47	4.43	3.91	3.66

7.3　弹道特性的理论分析

下面从理论上对上述小口径高(海)炮弹道特性进行分析论证。

7.3.1　弹丸在有效射距离动力平衡角很小

由于小口径高(海)炮攻击的主要目标是低空、超低空飞行的武装直升机、无人侦察机、巡航导弹、攻击机等,其有效射高一般不超过 3 000 m 时,有效射距离在 4 500 m 左右,由于弹丸初速较大(一般在 1 000~1 100 m/s),因而弹丸飞行时间较短,有效射距离在弹道初始段。

例7.2　某型高炮Ⅰ型弹初速为 1 055 m/s,Ⅱ型弹初速为 1 075 m/s,弹丸飞行时间均为 6~9 s,图 7.6、图 7.7 分别为它们的等时线图,图 7.8、图 7.9 为它们的射程图。由图可以看出,在有效飞行时间内,不同射角下的弹道平直,其有效射距离是弹道初始段。

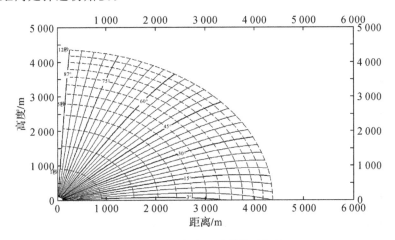

图 7.6　某型高炮Ⅰ型弹等时线图

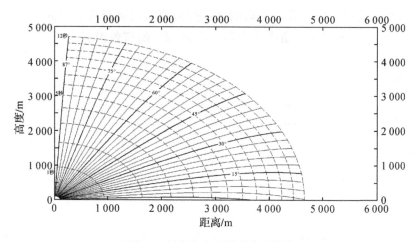

图 7.7 某型高炮 II 型弹等时线图

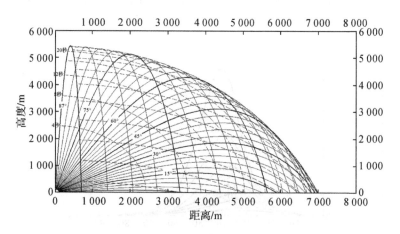

图 7.8 某型高炮 I 型弹射程图

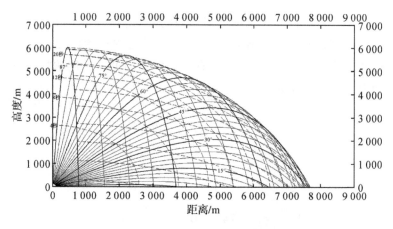

图 7.9 某型高炮 II 型弹射程图

表7.4给出了国内外几种著名的高(海)炮有效射高及飞行时间。

表7.4　国内外几种著名高(海)炮有效射高

炮化号	国名				
	美国	瑞典	瑞士	中国	中国
炮代号	M163	VEAK40	2ZLa35	4PG25	HP37
口径/mm	20	40	35	25	37
初速/(m·s^{-1})	1 030	1 005	1 175	1 050	1 000
有效射高/m	1 800	2 000	3 000	3 000	3 000
飞行时间/s	3.5~3.8	4.5~8.0	5.0~11	5.5~10.5	6.0~11.5

显然,小口径高(海)炮的有效射距离在弹道的初始段,而根据外弹道知识可知,弹丸运动时在弹道的初始段动力平衡角很小,图7.10给出了弹丸运动时动力平衡角的一般规律。

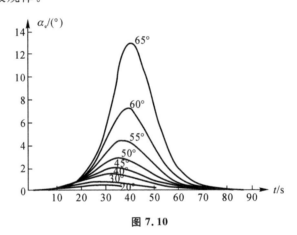

图7.10

从图7.10中可以看出,无论射角多大,在弹道初始段,弹丸的动力平衡角都很小。而小口径高(海)炮的有效射距离恰恰是弹道的初始段,那么对于小口径高(海)炮弹丸来说,其动力平衡角到底有多小? 下面就这一问题加以分析。

根据动力平衡角定义可得

$$\alpha_e \approx \frac{J_x}{J_y} \cdot \frac{P}{\beta} \cdot \left| \frac{d\theta}{dt} \right| \tag{7.1}$$

其中

$$\beta = \frac{d^2 h^*}{J_y} H(y) u^2 \cdot 10^3 K_{m_z}(M) \tag{7.2}$$

$$K_{m_z} = 0.474 \times 10^{-3} \times \frac{d}{h^*} \cdot C_{m\alpha} \tag{7.3}$$

$$P \approx P_0 \mathrm{e}^{-\Gamma t} = \frac{2\pi u_0}{\eta d} \mathrm{e}^{-\Gamma t} \tag{7.4}$$

$$J_x \approx \frac{md^2}{7.0} \tag{7.5}$$

$$\frac{\mathrm{d}\theta}{\mathrm{d}t} = -\frac{g_0 \cos\theta}{u} \tag{7.6}$$

将式(7.2)~式(7.6)代入式(7.1)得

$$\begin{aligned}
\alpha_e &= \frac{2\pi u_0 g_0 m}{7\eta d} \cdot \frac{|\cos\theta| \cdot \mathrm{e}^{-\Gamma t}}{H(y) u^3 \times 0.474 \times dC_{m\alpha}} \\
&= 18.55 \frac{u_0 m}{\eta d^2} \cdot \frac{|\cos\theta| \cdot \mathrm{e}^{-\Gamma t}}{H(y) u^3 C_{m\alpha}}
\end{aligned} \tag{7.7}$$

在式(7.7)中，显然 $|\cos\theta| \leqslant 1$ ， $\mathrm{e}^{-\Gamma t} \leqslant 1$ 。

而根据统计结果可知：不同小口径高（海）炮弹丸质量的最大值见表7.5。

表 7.5　不同口径的小口径高（海）炮弹丸质量的最大值

口径/mm	40	37	35	30	25
质量/kg	1.00	0.75	0.55	0.38	0.25

对于小口径高（海）炮，一般情况下，$u_0 \leqslant 1\,100$ ，$H(y) \geqslant H(3\,000) = 0.741$ ，$\eta \geqslant 30$ ，而

$$C_{m\alpha} = \frac{h^*}{d}(C_{l\alpha} + C_D) \tag{7.8}$$

式中，$C_{l\alpha}$ 为升力系数；C_D 为阻力系数。

对于卵形头部的弹丸，如图 7.11 所示。

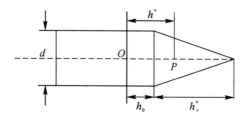

图 7.11　卵形头部的弹丸

根据高巴尔经验公式和西蒙斯公式可以估计

$$\begin{aligned}
h^* &= h_0^* + 0.57 h_r^* - 0.16d \approx \frac{1}{6}l + 0.57 \times \frac{1}{2}l - 0.16d \\
&= 0.452l - 0.16d \geqslant 0.452 \times 4.5d - 0.16d = 1.874d
\end{aligned}$$

根据西蒙斯（Simmons）经验公式有

$$C_{l\alpha} = \left(\frac{s+s_b}{s} + 0.5\right) \cdot f_1 = 2.5\,f_1$$

由于 $f_1 \geqslant 1$，因此

$$C_{l\alpha} \geqslant 2.5$$

又

$$0.15 \leqslant C_D \leqslant 0.5$$

因此

$$C_{m\alpha} \geqslant 1.874 \times (2.5 + 0.15) = 4.96$$

将上面各个估值代入式(7.7)，计算不同小口径高(海)炮弹丸在不同速度时动力平衡角 α_e 值(单位：弧度)的最大估值，计算结果表明：对于小口径高(海)炮弹丸，无论其弹径、射角多大，当弹丸的存速大于 300 m/s 时，其动力平衡角 α_e 非常小，最大值的量级在 $10^{-3} \sim 10^{-4}$ 间。通过应用上述方法对某型小口径高(海)炮弹丸在不同射角精确的动力平衡角 α_e 的计算可知，在实际弹道计算中，由于弹道倾角 θ 的增大和弹丸转速 P 不断减小，α_e 的实际值比表 7.5 所列的最大估值小，对于大射角更是如此，但量级与最大估值基本吻合。这就证明小口径高(海)炮弹丸在使用的有效斜距离范围内，其动力平衡角 α_e 非常小，α_e 的量级一般在 $10^{-3} \sim 10^{-4}$ 间。

7.3.2 不同射角阻力系数无显著性差异

由外弹道理论知，弹丸的总阻力系数 C_D 是零阻和诱导阻力系数之和，即

$$C_D = C_{D_0} + C_{D_{\alpha^2}}(\alpha_D^2 + \alpha_e^2)$$

式中，C_{D_0} 为零阻；α_e 为动力平衡角；α_D 为起始扰动攻角；$C_{D_{\alpha^2}}$ 为诱导阻力系数。

零阻 C_{D_0} 是不随射角而变化的，而影响起始扰动攻角 α_D 的主要原因是弹丸和火炮的因素，如弹炮间隙、火炮震动、弹丸特征量等，与射角无关，即不同射角的起始扰动攻角 α_D 相同，由此可见，影响阻力系数的主要因素即为动力平衡角 α_e 了。由 7.3.1 节知，对于小口径的高(海)炮弹丸来说，在有效的射距离范围内，动力平衡角 α_e 的值最大在 $10^{-3} \sim 10^{-4}$ 的量级，那么 α_e^2 的量级则在 $10^{-6} \sim 10^{-8}$ 间，因而 $C_{D_\alpha^2} \cdot \alpha_e^2$ 的量级则在 $10^{-6} \sim 10^{-8}$ 间，这样就忽略了 $C_{D_\alpha^2} \cdot \alpha_e^2$ 对弹道的影响，上式可简化为

$$C_D = C_{D_0} + C_{D_\alpha^2} \cdot \alpha_e^2$$

那么忽略了 $C_{D_\alpha^2} \cdot \alpha_e^2$，对于小口径的高(海)炮的弹道影响有多大？表 7.6 是某型小口径高炮弹丸在标准弹道条件和标准气象条件下计算的 $C_{D_\alpha^2} \cdot \alpha_e^2$ 对不同射角弹道的影响情况。

表 7.6　射角 15°的计算结果

飞行时间 /s	坐　标								
	x		Δx	y		Δy	z		Δx
	未忽略	忽略		未忽略	忽略		未忽略	忽略	
2	1 528.62	1 528.62	0.00	392.82	392.82	0.00	0.83	0.83	0.00
4	2 517.93	2 517.93	0.00	614.99	614.99	0.00	2.85	2.85	0.00
6	3 218.03	3 218.04	0.01	738.62	738.62	0.00	5.03	5.03	0.00
8	3 799.43	3 799.44	0.01	804.79	804.79	0.00	7.47	7.47	0.00
10	4 316.10	4 316.11	0.01	826.82	826.83	0.01	10.67	10.67	0.00

表 7.7　射角 45°的计算结果

飞行时间 /s	坐　标								
	x		Δx	y		Δy	z		Δz
	未忽略	忽略		未忽略	忽略		未忽略	忽略	
2	1 125.53	1 125.53	0.00	1 108.67	1 108.67	0.00	0.61	0.61	0.00
4	1 874.55	1 874.55	0.00	1 813.91	1 813.91	0.00	2.17	2.17	0.00
6	2 421.78	2 421.78	0.00	2 295.19	2 295.19	0.00	3.94	3.94	0.00
8	2 879.34	2 879.34	0.00	2 661.01	2 661.01	0.00	5.90	5.90	0.00
10	3 294.14	3 294.15	0.01	2 955.52	2 955.52	0.00	8.48	8.48	0.00

表 7.8　射角 75°的计算结果

飞行时间 /s	坐　标								
	x		Δx	y		Δy	z		Δz
	未忽略	忽略		未忽略	忽略		未忽略	忽略	
2	413.33	413.33	0.00	1 525.65	1 525.65	0.00	0.23	0.23	0.00
4	692.73	692.73	0.00	2 524.12	2 524.12	0.00	0.81	0.81	0.00
6	900.83	900.83	0.00	3 233.55	3 233.55	0.00	1.50	1.50	0.00
8	1 075.67	1 075.67	0.00	3 792.98	3 792.98	0.00	2.26	2.26	0.00
10	1 235.88	1 235.88	0.00	4 268.25	4 268.25	0.00	3.27	3.27	0.00

从表 7.6～表 7.8 可以看出,无论小射角还是大射角,在飞行时间不大于 10s,有效射距离不大于 4 400m 的情况下,弹丸的弹道坐标 (x,y,z) 在忽略和

未忽略 $C_{D_\alpha^2} \cdot \alpha_e^2$ 两种情况下最大相差不超过 0.01m，这也说明 $C_{D_\alpha^2} \cdot \alpha_e^2$ 对弹道几乎没有影响，可以忽略。

从式(7.8)可知：对于小口径高(海)炮来说，在有效斜距离范围内，弹丸的阻力等于零阻和起始扰动攻角 α_D 引起的诱导阻力之和。弹丸的零阻不随射角变化，而影响起始扰动攻角 α_D 的主要原因是弹丸和火炮本身的因素，诸如弹炮间隙、火炮振动、弹丸的特征量等，与火炮射角没有关系，即不同射角的 α_D 相同。因此可以从式(7.9)得出以下结论：小口径高(海)炮弹丸在有效斜距离范围内，不同射角的阻力系数基本相同，无显著差异。

7.3.3　不同射角阻力系数无显著性差异的试验验证

上面从理论上证明了小口径高(海)炮弹丸在有效射距离范围内，不同射角的阻力系数无显著差异这一特性，图 7.12～图 7.16 是某型小口径高炮在 $5°$，$20°$，$50°$，$84°$时弹丸的自身阻力系数和阻力系数的平均值(纵轴为 C_{D_0}，横轴为马赫数 Ma)。

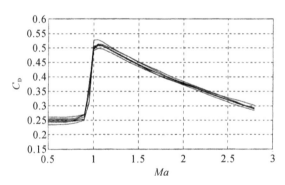

图 7.12　射角 5°阻力系数

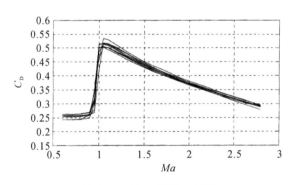

图 7.13　射角 20°阻力系数

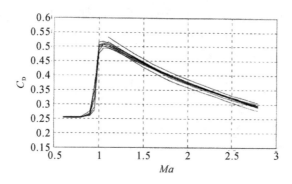

图 7.14 射角 50° 阻力系数

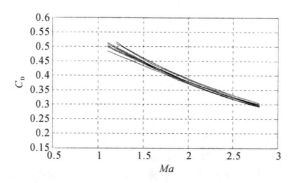

图 7.15 射角 84° 阻力系数

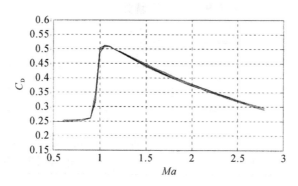

图 7.16 各射角平均阻力系数

从图 7.12～图 7.16 可以看出:不同射角弹丸阻力系数的平均值相差很小,而且其散布比同一射角不同弹丸的阻力系数的散布小得多,对此可以通过统计检验的方法证明不同射角的阻力系数无显著差异。

这可用多总体均值比较的检验方法来检验不同射角阻力系数平均值是否有显著差异,具体检验方法如下。

设来自 k 各总体 X_1，$X_2,\cdots$，X_k 的样本值 $(x_{11},x_{12},\cdots,x_{n_1})$，$(x_{21},x_{22},\cdots,x_{2n_2})$，$(x_{k1},x_{k2},\cdots,x_{kn_k})$。

(1)计算样本均值和样本方差值。

$$\overline{x}_i = \frac{1}{n_i}\sum_{j=1}^{n_i} x_{ij} \ , \ S_i^2 = \frac{1}{n_i-1}\sum_{j=1}^{n_i}(x_{ij}-\overline{x}_i)^2$$

$$S^2 = \frac{\sum\limits_{i=1}^{k}\left[(n_i-1)S_i^2\right]}{\sum\limits_{i=1}^{k}(n_i-1)} \quad (i=1,2,\cdots,k)$$

(2)计算统计量 q_{kv} 的值

$$q_{kv} = \frac{\max_{i,j}\left|\overline{x}_i-\overline{x}_j\right|}{S/\sqrt{H}}$$

其中

$$H = \frac{1}{K}\sum_{i=1}^{k}\frac{1}{n_i}$$

(3)给定显著水平 α，由 $k,v=\sum\limits_{i=1}^{k}(n_i-1)$ 查 t 化极差表得 q_α 值。

(4)判断：

若 $q_{kv} > q_\alpha$，则认为各总体的均值不全相等；

若 $q_{kv} < q_\alpha$，则无理由认为各总体的均值不全相等。

表 7.9 是按照上述检验方法，对于弹丸阻力系数不同的马赫数进行检验，得到的不同 q_{kv} 值。

表 7.9 不同马赫数的 q_{kv} 值

马赫数	2.80	2.70	2.60	2.50	2.40	2.30	2.20	2.10	2.00	1.90	1.80
q_{kv}	0.420 5	0.397 3	0.386 7	0.375 0	0.394 6	0.360 9	0.360 7	0.373 5	0.379 4	0.419 5	0.387 2

马赫数	1.70	1.60	1.50	1.40	1.30	1.20	1.10	1.05	1.00	0.95	0.90
q_{kv}	0.449 8	0.288 7	0.391 8	0.291 2	0.169 7	0.107 9	0.249 9	0.223 2	0.254 5	0.325 6	0.032 9

取 $\alpha=0.05$，当 $k=4,v=25\sim29$ 时，$q_\alpha=3.90\sim3.85$。

显然 $q_{kv} < q_\alpha$，则无理由认为各总体的均值不全相等，即可认为不同射角的阻力系数相同。

至此，我们从理论和试验两个方面都证明了小口径高（海）炮在使用的有效射距离范围内，弹丸阻力系数随射角而变化的量极小，即不同射角下的阻力系数基本相同，无显著差异。

7.3.4 符合系数不随射角变化

在射表编拟技术中，符合系数是一个极其重要的参数，它不仅包含了模型中未考虑到的因素的影响,而且也包含了模型中气动参数的误差、弹道诸元测量误差、气象参数测量误差及其他参与符合计算的试验数据误差、起始扰动误差等。通常情况下,符合系数是射角的函数,随着射角的变化而变化,但对于小口径高(海)炮而言,由于飞行时间短,有效斜距短且处于弹道初始段,所以其符合系数有着自己的特性。

模型误差、弹道诸元测量误差及气象参数测量误差与所选模型及测试设备有关,是系统误差;起始扰动对于小射角(小于 5°)散布大,但对于大射角的影响通常认为是一致的,高(海)炮射击时多数是使用大射角的,因此该项可视为常数;气动参数的理论计算在亚声速、跨声速、超声速段的误差是不同的,但对于小口径高(海)炮,在 7.3.1 节中分析得出动力平衡角的值可忽略不计,因此,在国际流行的 4D 弹道模型中,影响弹道计算的气动参数仅剩阻力系数一项,而阻力系数是实测值,在 7.3.1 节中已经证明不随射角而变化。

综上所述,对于小口径高(海)炮而言,符合系数随射角变化无显著性差异,不同射角下的符合系数几乎相同。

7.4 射表精度的一致性检验

前面论证了在有效斜距内不同射角的阻力系数无显著性差异,由此可推论:应用任一射角测得的阻力系数计算的射表精度是能保证的。为验证这一结论,结合高(海)炮使用特点,对相同射角应用不同射角测得的阻力系数计算弹道,对同斜距下的弹丸飞行时间进行一致性检验。

为叙述方便,用 C_{D15},C_{D45},C_{D75} 分别表示 15°射角、45°射角和 75°射角下测得的阻力系数。

首先用 C_{D45} 计算 15°和 75°射角的弹道;其次用 C_{D15} 计算 15°射角下的弹道,用 C_{D75} 计算 75°射角下的弹道;最后比较 15°射角下计算的两条弹道和 75°射角下计算的两条弹道。表 7.10、表 7.11 分别为 15°和 75°射角下两个阻力系数计算的两组弹丸在不同斜距下飞行时间的平均值和标准差,每组样本值均为10 发。

表 7.10 15°射角飞行时间平均值、标准差

斜距 — m	C_{D15}		C_{D45}	
	飞行时间 s	标准差 s	飞行时间 s	标准差 s
500	0.503 1	0.000 978	0.502 7	0.000 635
1 000	1.083 5	0.008 813	1.083 8	0.002 874

续 表

斜距	C_{D15}		C_{D45}	
	飞行时间	标准差	飞行时间	标准差
m	s	s	s	s
1 500	1.778 9	0.012 157	1.777 1	0.007 547
2 000	2.644 6	0.024 612	2.640 6	0.016 251
2 500	3.757 4	0.039 016	3.759 8	0.030 303
3 000	5.199 1	0.051 705	5.179 0	0.046 817

表 7.11　75°射角飞行时间平均值、标准差

斜距	C_{D75}		C_{D45}	
	飞行时间	标准差	飞行时间	标准差
m	s	s	s	s
500	0.503 3	0.000 836	0.503 2	0.000 630
1 000	1.083 7	0.003 492	1.083 6	0.002 822
1 500	1.778 0	0.008 302	1.778 6	0.007 291
2 000	2.639 1	0.015 934	2.642 7	0.015 386
2 500	3.740 2	0.027 442	3.750 0	0.028 587
3 000	5.159 2	0.043 392	5.176 7	0.046 861

由表中可以看出,同一射角下应用不同阻力系数计算的同斜距下的弹丸飞行时间相差很小,下面用两总体均值一致性的 t 检验法检验其一致性。t 检验方法如下:

设来自总体 A 样本值 $(x_{1A}, x_{2A}, \cdots, x_{nA})$,来自总体 B 样本值 $(x_{1B}, x_{2B}, \cdots, x_{nB})$。

(1)计算各个样本的均值 $\bar{x}_A, \bar{x}_B$ 和样本方差 S_A^2, S_B^2。

(2)计算 T 统计量:

$$T = \frac{\bar{x}_A - \bar{x}_B}{\sqrt{\dfrac{(n_A - 1)S_A^2 + (n_B - 1)S_B^2}{n_A + n_B - 2}} \sqrt{\dfrac{1}{n_A} + \dfrac{1}{n_B}}}$$

式中,n_A, n_B 为两组样本量。

(3)给出显著水平 α,以 $n_A + n_B - 2$ 为自由度查 t 分布分位数表的 $t_{\alpha/2}(n_A + n_B - 2)$。

(4)判断:若 $|T| > t_{\alpha/2}(n_A + n_B - 2)$,则认为总体均值不一致;否则,无理由认为两总体均值不一致,即认为二者一致。

应用上述方法,对表 7.10、表 7.11 分别计算各斜距下的 T 统计量,计算结果见表 7.12、表 7.13。

表 7.12　15°射角的 $|T|$ 统计量

斜距/m	500	1 000	1 500	2 000	2 500	3 000
$|T|$	1.08	0.10	0.39	0.43	0.15	0.91

表 7.13　75°角的 $|T|$ 统计量

斜距/m	500	1 000	1 500	2 000	2 500	3 000
$|T|$	0.30	0.07	0.17	0.51	0.78	0.87

取 $\alpha = 0.01$,$n_A + n_B - 2 = 18$,查 t 分布分位数表得 $t_{0.005}(18) = 2.878\ 4$。由表 7.12、表 7.13 中结果可以看出:各斜距下均有 $|T| < t_{\alpha/2}(n_A + n_B - 2)$,由上述判断准则可知,各斜距下弹丸飞行时间平均值一致。

由此可得各射角同斜距下的飞行时间无显著性差异。故射表编拟中采用同一射角的阻力系数不影响射表应有的精度。

7.5　射表编拟方法

7.5.1　基本思想

由小口径高(海)炮攻击的主要目标是低空、超低空飞行的武装直升机、无人侦察机、巡航导弹、攻击机等空中活动目标,由于空中目标的活动性,因此,在射击区域的任一点都可能出现目标,高(海)炮射击时,要求对任一点出现的目标都能准确射击,这就要求编制高(海)炮射表时必须对全弹道上各点的坐标进行测量。结合小口径高(海)炮射弹在有效射距离内不同射角阻力系数及符合系数无显著差异及符合系数近似为一常数的特点,提出如下试验方案:进行一个射角的对空射击试验并进行全弹道坐标符合。

7.5.2 弹道模型

1.弹道模型的选择

描述弹丸运动规律的弹道模型有质点弹道模型（3D），刚体弹道模型（6D），简化的刚体弹道模型（5D），改进的质点弹道模型（4D），那么小口径高（海）炮暗目标弹丸的射表编拟应采用哪种模型？

随着光学、雷达、火控计算机技术突飞猛进，几乎所有的高（海）炮都配置了先进的火控系统。4D 模型由于计算精度高、速度快，而且能同时计算偏流，能够做到射表模型和火控计算机模型相统一，因此我们认为利用 4D 弹道模型编拟小口径高（海）炮暗目标弹丸射表是适宜的，但在保证射表精度的前提下，也可采用 2D、6D、5D 等其他射表模型。

2.简化的 4D 弹道模型

小口径高（海）炮弹道有自身的特点，主要体现在弹道模型中的一些参数对弹道的影响很小，在弹道计算时这些参数可以忽略，使弹道模型加以简化，弹道计算速度更快。简化的弹道模型和 4D 弹道模型的主要差别在于：简化了动力平衡角的计算方法，忽略了一些对小口径高（海）炮弹道影响非常小的参数。简化的 4D 模型由下述微分方程组给出：

$$
\left.
\begin{aligned}
\frac{\mathrm{d}u_x}{\mathrm{d}t} &= -\frac{\rho S}{2m}F_{\mathrm{D}}C_{0}VV_x + \frac{\rho S}{2m}F_{\mathrm{L}}C_{l\alpha}V^2\alpha_{\mathrm{e}x} \\
\frac{\mathrm{d}u_y}{\mathrm{d}t} &= -\frac{\rho S}{2m}F_{\mathrm{D}}C_{\mathrm{D}}VV_y + \frac{\rho S}{2m}F_{\mathrm{L}}C_{l\alpha}V^2\alpha_{\mathrm{e}y} - g_0 \\
\frac{\mathrm{d}u_z}{\mathrm{d}t} &= -\frac{\rho S}{2m}F_{\mathrm{D}}C_{\mathrm{D}}VV_z + \frac{\rho S}{2m}F_{\mathrm{L}}C_{l\alpha}V^2\alpha_{\mathrm{e}z} \\
\frac{\mathrm{d}x}{\mathrm{d}t} &= u_x \\
\frac{\mathrm{d}y}{\mathrm{d}t} &= u_y \\
\frac{\mathrm{d}z}{\mathrm{d}t} &= u_z \\
\frac{\mathrm{d}P}{\mathrm{d}t} &= \frac{1}{4J_x}\rho SVPd^2C_{\mathrm{lp}} \\
\frac{\mathrm{d}h}{\mathrm{d}t} &= -\frac{h(y)u_y}{29.27\tau(y)}
\end{aligned}
\right\}
\tag{7.9}
$$

3.简化的 4D 模型与 4D 模型的比较

简化 4D 模型与 4D 模型的主要区别在于：①在弹道计算时忽略了重力的变

化、忽略了俯仰力矩系数和升力系数导数的三次项以及马格努斯力和科氏力等；②动力平衡角 $\bar{\alpha}_e$ 的计算采用了直接解法。那么简化的 4D 模型与 4D 模型计算结果有多大差别？表 7.14~表 7.16 是在标准弹道条件和标准气象条件下，分别用简化的 4D 模型和 4D 模型计算某型小口径弹丸在 15°,45°,75°射角的弹道比较结果。

表 7.14　15°射角时简化的 4D 模型和 4D 模型的弹道比较结果

射　　角	15°				
飞行时间/s	2	4	6	8	10
x (简 4D)	1 528.62	2 517.90	3 218.03	3 799.46	4 316.19
x (4D)	1 528.62	2 517.93	3 218.03	3 799.43	4 316.10
$\lvert \Delta x \rvert$	0.00	0.03	0.00	0.03	0.09
y (简 4D)	392.82	614.99	738.60	804.75	826.76
y (4D)	392.82	614.99	738.62	804.79	826.82
$\lvert \Delta y \rvert$	0.00	0.00	0.02	0.04	0.06
z (简 4D)	0.83	2.85	5.03	7.47	10.67
z (4D)	0.83	2.85	5.03	7.47	10.67
$\lvert \Delta z \rvert$	0.00	0.00	0.00	0.00	0.00

表 7.15　45°射角时简化的 4D 模型和 4D 模型的弹道比较结果

射　　角	45°				
飞行时间/s	2	4	6	8	10
x (简 4D)	1 125.52	1 874.52	2 421.73	2 879.37	3 294.26
x (4D)	1 125.53	1 874.55	2 421.78	2 879.34	3 294.14
$\lvert \Delta x \rvert$	0.01	0.03	0.05	0.03	0.12
y (简 4D)	1 108.65	1 813.85	2 295.07	2 660.88	2 954.35
y (4D)	1 068.67	1 813.91	2 295.19	2 661.01	2 955.52
$\lvert \Delta y \rvert$	0.02	0.06	0.12	0.13	0.17
z (简 4D)	0.61	2.17	3.94	5.90	8.48
z (4D)	0.61	2.17	3.94	5.90	8.48
$\lvert \Delta z \rvert$	0.00	0.00	0.00	0.00	0.00

表 7.16 75°射角时简化的 4D 模型和标准的 4D 模型的弹道比较结果

射角	75°				
飞行时间/s	2	4	6	8	10
x（简 4D）	413.33	692.71	900.80	1 075.68	1 235.93
x（4D）	413.33	692.73	900.83	1 075.67	1 235.88
$|\Delta x|$	0.00	0.02	0.03	0.01	0.05
y（简 4D）	1 525.63	2 524.02	3 233.40	3 792.79	4 268.04
y（4D）	1 525.65	2 524.12	3 233.55	3 792.98	4 268.25
$|\Delta y|$	0.02	0.10	0.15	0.19	0.21
z（简 4D）	0.23	0.81	1.50	2.26	3.27
z（4D）	0.23	0.81	1.50	2.26	3.27
$|\Delta z|$	0.00	0.00	0.00	0.00	0.00

从表 7.14～表 7.16 可以看出：在弹丸飞行时间不大于 10s 的运动过程中，简化的 4D 模型与 4D 模型计算的弹道差别非常小，但简化的 4D 模型避免了烦琐的 α_e 迭代过程，计算速度和 2D 模型相当，计算速度快。因此采用简化的 4D 模型计算小口径高（海）炮射表是合理可行的。

7.5.3 气动参数的辨识

简化的 4D 弹道模型中共涉及 4 个空气动力参数，即 C_{D_0}，$C_{l\alpha}$，$C_{m\alpha}$，C_{lp}，这些气动参数都是马赫数的函数，其中 $C_{l\alpha}$，$C_{m\alpha}$，C_{lp} 可根据地面榴弹炮射表编拟时采用的方法获取，而 C_{D_0} 的辨识可由弹丸 V_{re} - t 曲线，采用 C - K 方法辨识。

7.5.4 符合计算

积分弹道方程组到某一实测时刻 t，然后进行符合计算使其理论坐标 (x,y,z) 与 t 相对应的实测坐标相一致。具体做法是逐点符合，而对每一点的符合与甲弹类同，即用 F_D 符合斜距离 D，用 F_L 符合横偏 Z，用 $\Delta\theta_0$ 符合弹道高 Y。这里 $\Delta\theta_0$ 是高低偏角，加在射角 θ_0 上。需要注意的是，一条弹道上各点符合出的 $\Delta\theta_0$ 应一致，但由于各点随机误差的存在，可能破坏这种一致性，因此符合完后应将其加权平均值作为该条弹道的 $\Delta\theta_0$ 值。

7.5.5 射表计算

1. 基本诸元的计算

给定射角 θ_0，采用符合的 F_D，F_L 和气动参数 C_{D_0}，$C_{l\alpha}$，$C_{m\alpha}$，C_{lp}，在标准弹道条件和标准气象条件下，积分微分方程组式(7.9)到所要计算高度 y，得 $x, y, z, u_z, u_y, u_z, t$，基本诸元按下列方法计算：

(1)水平距离：

$$X = x$$

(2)斜距离：

$$D = \sqrt{x^2 + y^2 + z^2}$$

(3)射角：

$$\theta' = \theta_0$$

(4)炮目高低角：

$$\varepsilon = 955\arctan\left(\frac{y}{x}\right)$$

(5)高角(距离角)：

$$\beta = \theta_0 - \varepsilon$$

(6)飞行时间：

$$T = t$$

(7)偏流：

$$Z = 955\arctan\left(\frac{z}{x}\right)$$

(8)切线倾角：

$$\theta = 57.3\arctan\left(\frac{u_y}{\sqrt{u_x^2 + u_z^2}}\right)$$

(9)存速：

$$u = \sqrt{u_x^2 + u_y^2 + u_z^2}$$

2. 修正诸元的计算

(1)初速改变 Δu 时修正量的计算。以 $u'_0 = u_0 + \Delta u_0$ 代替 u_0，其他射击条件仍然为标准条件，积分微分方程组式(7.9)到飞行时间 T 得 x_{u_0}，y_{u_0}，则

$$\Delta x_{u_0} = x - x_{u_0}，\Delta y_{u_0} = y - y_{u_0}$$

(2)气温改变 $\Delta\tau$ 时修正量的计算。以 $\tau'(y) = \tau(y) + \Delta\tau$ 代替 $\tau(y)$ 计算声速 $\alpha = \sqrt{kR\tau(y)}$，其他射击条件仍然为标准条件，积分方程组式(7.9)到飞行时间 T 得 x_τ，y_τ，则

$$\Delta x_\tau = x - x_\tau, \quad \Delta y_\tau = y - y_\tau$$

（3）空气密度变化 $\Delta\rho$ 修正量的计算。在方程组式（7.9）中，以 $\rho' = \rho + \Delta\rho$ 代替方程组的 ρ，其他均取标准射击条件，积分到飞行时间 T 得 $x_{\Delta\rho}, y_{\Delta\rho}$，则

$$\Delta x_{\Delta\rho} = x - x_{\Delta\rho}, \quad \Delta y_{\Delta\rho} = y - y_{\Delta\rho}$$

（4）药温改变 Δt_z 时修正量的计算。以 $u'_0 = (1 + l_t \cdot \Delta t_z) u_0$ 代替 u_0，按初速修正量的方法计算得 x_{t_z}, y_{t_z}，则

$$\Delta x_{t_z} = x - x_{t_z}, \quad \Delta y_{t_z} = y - y_{t_z}$$

（5）纵风 W_x 修正量的计算。在方程组式（7.9）中，除纵风 W_x 取值外，其他均取标准射击条件，积分到飞行时间 T 得 x_{W_x}, y_{W_x}，则

$$\Delta x_{W_x} = x - x_{W_x}, \quad \Delta y_{W_x} = y - y_{W_x}$$

（6）横风 W_z 修正量的计算。在方程组式（7.9）中，除横风 W_z 取值外，其他均取标准射击条件，积分到飞行时间 T 得 zw_z，则横风 W_z 引起的方向修正量为

$$\Delta zw_z = z - zw_z$$

3. 概率误差的计算

高（海）炮射表中一般仅载有高低概率误差 B_y 和方向概率误差 B_z。

（1）高低概率误差 B_y 的计算。根据外弹道学和统计理论知：高低概率误差 B_y 是射角散布 r_{θ_0}、初速散布 r_{u_0}、阻力符合系数散布 r_{u_0} 的函数，即

$$B_y = \sqrt{\left(\frac{\partial y}{\partial F_D} r_{F_D}\right)^2 + \left(\frac{\partial y}{\partial u_0} r_{u_0}\right)^2 + \left(\frac{\partial y}{\partial \theta_0} r_{\theta_0}\right)^2}$$

式中，$\frac{\partial y}{\partial F_D}, \frac{\partial y}{\partial u_0}, \frac{\partial y}{\partial \theta_0}$ 表示相应的参量变化 1 个单位时高度的变化量，其值可通过弹道计算求得。r_{u_0}, r_{θ_0} 可由测速试验和跳角试验得到，而 r_{F_D} 可由立靶试验结果所得 B_y 得到。

（2）方向概率误差 B_z 的计算。方向概率误差 B_z 主要是跳角的横向散布 r_ω、横风和偏流的综合散布 r_{F_L} 引起的，即

$$B_z = \sqrt{\left(\frac{\partial z}{\partial F_L} r_{F_L}\right)^2 + \left(\frac{D}{955} r_\omega\right)^2}$$

式中，$\frac{\partial z}{\partial F_L}$ 为 F_L 变化 1 个单位时横偏 z 的改变量，其值可由弹道计算得出，而 r_{F_L} 可由立靶试验结果 B_z 得到。

4. 基本表和修正量表的计算

（1）基本表的计算以基本诸元表和概率误差表为基础，用插值的方法求出，要注意的是：为了保证射表精度，计算基本诸元表时射角的间隔 $\Delta\theta_0$ 一定要小，$\Delta\theta_0$ 取多小比较好，要根据表载水平距离的大小而定。

（2）修正量表的计算可以以基本射表插值得到的 θ_0 为射角，然后用计算基本诸元的方法计算，也可以用修正诸元表插值计算。

第8章 同族装甲武器射表编拟技术

8.1 引 言

装甲武器因其直射火力猛、机动性能好、防护作用强等特点而备受世界各国军队的重视和青睐。为了实现装备配套建设和协调发展,各国装甲武器研制都考虑了车族化和系列化的问题,其基型底盘一般采用系列化的组成部件和组件式结构,车载武器则是基本相似的火炮型号,具有口径相同、药室相同、身管膛线缠度相同等特点,但身管长度或结构稍有变化。如某型坦克炮就有 3 种身管,分别为 A 型(基本型)、B 型(加长型)和 C 型,把这些装备有相同口径火炮,能够发射相同弹丸的装甲武器称为同族装甲武器。

随着武器装备的不断发展,装甲武器也装备了许多同族武器,如一个车族配用多种弹药的情况,如坦克炮车族就装备有穿甲弹、破甲弹、碎甲弹、攻坚弹和杀伤爆破榴弹等弹药。

对于同族装甲武器配用相同弹药的射表编拟,传统的方法就是对于同族装甲武器不同型号各自独立进行射表射击试验、数据处理并编拟射表。这样若同族装甲武器每门火炮单独进行射表试验时,根据装甲武器射表编拟法规定一部射表的试验项目及用弹量见表 8.1。

表 8.1 装甲武器射表编拟试验项目及用弹量

试验项目	用弹量/发	累计用弹量/发
立靶试验及最大射程试验	2×3×(7+1)	48
跳角试验	3×(7+1)	72
药温修正系数试验(高温)	3×(7+1)	96
药温修正系数试验(低温)	3×(7+1)	120
弹丸自身阻力系数试验	3×(7+1)	144

由表 8.1 可知,装甲武器一个火炮配用一种弹药的射表试验用弹量就需要

144 发,这对于费用较高的穿甲弹、碎甲弹等弹药来说,弹药消耗需费用约 100 多万元,现场试验还需要动用大量的试验设备和技术人员,通常最快也需要在 3 ~6 个工作日才能射击完毕,处理试验数据并编拟射表最少需要 30 个工作日。因此采用传统的装甲武器的射表编拟方法编拟同族装甲武器射表,必然耗费大量的人力、物力和财力。

本章节通过对同族装甲武器弹丸运动规律及外弹道特性的分析,深入探析射表编拟试验中影响射表精度的主要参数,并以此为依据,给出一套完整的、实用的同族装甲武器射表编拟技术。

8.2 同族装甲武器外弹道特性分析

8.2.1 弹道模型

描述弹丸运动规律和外弹道特性的弹道模型有很多种,但装甲武器的结构特点、作战使命,决定了其弹道多是非旋转低伸弹道,因此一般情况下描述装甲武器弹丸外弹道特性的弹道方程采用下列质点弹道模型。

$$\frac{\mathrm{d}u_x}{\mathrm{d}t} = -\frac{\rho S}{2m}F_D C_D \cdot w_x$$

$$\frac{\mathrm{d}u_y}{\mathrm{d}t} = -\frac{\rho S}{2m}F_D C_D \cdot w_y - g_0$$

$$\frac{\mathrm{d}u_z}{\mathrm{d}t} = -\frac{\rho S}{2m}F_D C_D \cdot w_z$$

$$\frac{\mathrm{d}u_z}{\mathrm{d}t} = u_x, \frac{\mathrm{d}u_z}{\mathrm{d}t} = u_y, \frac{\mathrm{d}u_z}{\mathrm{d}t} = u_z$$

$$\frac{\mathrm{d}u_z}{\mathrm{d}t} = -\frac{h(y)u_y}{29.27\tau(y)}$$

$$\frac{\mathrm{d}u_z}{\mathrm{d}t} = 1 \tag{8.1}$$

初值为 $t=0$ 时,有

$$u_x = u_0\cos\theta_0, u_y = u_0\sin\theta_0, u_z = 0$$

$$x = 0, y = y_0, z = 0, h = h_0$$

式中,u_0 为火炮初速;θ_0 为火炮射角;y_0 为火炮高程;h_0 为地面气压。

联系方程为

$$V = \sqrt{V_x^2 + V_y^2 + V_z^2}$$
$$= \sqrt{(u_x - w_x) + (u_x - w_x) + (u_y + w_y) + (u_z - w_z)}$$

从上述弹道模型中可以清楚地看出：

装甲武器的外弹道运动轨迹（即弹丸外弹道特性）由弹丸的结构参数（弹丸的最大横截面积 S、弹丸的质量 m）、弹丸在空间运动时的大气参数（空气密度 ρ）、弹丸初速 u_0、弹丸自身的阻力系数 C_D 及符合系数 F_D 和火炮的射角 θ_0 未定。而弹丸的结构参数和其在空间运动的大气参数对同族装甲武器来说是一样的，因而在此着重分析弹丸初速 u_0、弹丸自身的阻力系数 C_D 或符合系数 F_D 和火炮的射角 θ_0 对同族装甲武器不同武器外弹道特性的影响。

8.2.2　同族装甲武器不同平台阻力系数变化对弹丸外弹道特性的影响

根据外弹道知识，弹丸的阻力由零攻角阻力和诱导阻力组成，即弹丸的总阻系数是零阻系数和诱阻系数之和。

$$C_D = C_{D0} + C_{D\alpha^2}(\alpha_e^2 + \alpha_D^2) \tag{8.2}$$

式中，C_D 为弹丸的总阻系数；C_{D0} 为弹丸的零阻系数；$C_{D\alpha^2}$ 为弹丸的诱阻系数；α_e 为弹丸的动力平衡角；α_D 为弹丸的起始攻角。

若同族装甲武器不同平台发射同一弹药，根据外弹道理论知，弹丸在运动过程中在相同马赫数条件下的零攻角阻力系数是相同的，因此影响弹丸外弹道特性的主要因素是诱导阻力系数。下面分析诱导阻力对弹道的影响，弹丸的诱导阻力由两部分组成：一是弹丸起始扰动形成的诱导阻力；二是弹丸动力平衡角引起的诱导阻力。

1. 对起始扰动引起诱导阻力的分析

影响武器系统起始扰动的因素主要有三类：弹丸的因素、火炮的因素和弹炮相互作用的因素。

（1）弹丸的因素主要有弹丸质量的偏差、转动惯量的偏差、外形不对称或不一致等，而最突出的因素是静不平衡性和动不平衡性。弹丸静不平衡性以弹丸质心偏离几何轴线的距离——偏心距来表示，对于旋转弹，弹丸运动时，偏心距将产生很大的惯性离心力；对于旋转弹或尾翼弹，由于火药气体的压力合力与弹轴重合，偏心距还将产生绕质心的压力力矩，这是引起弹丸膛内摆动的重要原因；弹丸动不平衡性的纵向惯性主轴（也就是弹丸的速度矢量方向）和弹丸几何轴线的夹角为弹丸的动力平衡角。

（2）火炮的因素包括火炮振动和火药气体压力作用两部分。火炮在发射过程中,由于各种载荷的作用、炮管的弯曲、局部变形、炮架间的连接间隙以及后座部分的质量不平衡等原因会引起火炮各种类型的振动。火炮振动对弹丸运动的影响反映在弹丸出炮口时炮口的位移、速度、加速度和炮口斜率(及实际弯曲的炮身轴线在炮口处 X 轴坐标的变化率)等参数上,这将引起弹丸的起始扰动。弹丸在膛内运动时,炮管的振动将装甲传递给弹丸,弹丸的上定心部出炮口后炮管振动对弹丸的运动产生影响,炮管的高频振动是引起弹丸起始扰动的重要因素;弹丸在膛内受火药气体压力作用,在后效期受炮口气流的作用,将加剧弹丸的起始扰动。

（3）弹炮相互作用的因素主要有两种:一是弹炮间隙及作用在弹丸上的各种力矩所引起的弹丸在膛内的各种运动,如弹丸紧贴膛壁或弹丸对膛壁的弹性碰撞以及弹丸在膛内的摆动;二是弹丸的上定心部及弹带与膛壁的摩擦。上述因素直接引起弹丸运动规律的变化,如摩擦力;有的则先引起火炮的振动,而火炮的振动又反作用影响弹丸的运动,如碰撞力等。

综上所述,影响弹丸起始扰动的主要因素有:①弹丸的静不平衡和动不平衡性;②弹丸的上定心部至弹带(或下定心部)间的距离;③弹丸质心至弹带(或下定心部)间的距离;④弹丸的转动惯量;⑤弹丸的阻力臂(质心到压力中心的距离);⑥弹丸的转速;⑦火炮的振动;⑧炮口压力;⑨弹炮间隙。

上述因素①～④主要和弹丸的特征量有关,在制造弹丸的过程中由于加工因素、材料因素等不可避免的会出现弹丸的特征量有微小的不同,因而也就不可避免的会产生初始扰动;而因素⑤～⑨不仅和弹丸有关,还和火炮有关,例如火炮的身管长短、火炮身管是否装有炮口制退器等。因此同族装甲武器不同平台发射相同弹丸引起的起始扰动肯定是不同的。下面进行数学分析。

弹丸的攻角用复数可表示为

$$\tilde{\xi} = \beta + \mathrm{i}\alpha$$

对于对称旋转弹丸,按外弹道理论,由起始扰动引起的攻角的变化规律可用下述模型描述:

$$\tilde{\xi}'' + (H - \mathrm{i}P)\tilde{\xi}' - (M + \mathrm{i}PT)\tilde{\xi} = 0 \qquad (8.3)$$

其中

$$H = \left[(C_{1a} - C_D) \frac{\pi\rho d^2}{8m} - C_{mpd} \cdot \frac{\pi\rho d^4}{16 J_y} \right] d$$

$$P = \frac{J_x}{J_y} \cdot \frac{\rho}{v} d$$

$$M = C_{m\alpha} \frac{\pi\rho d^3}{8 J_y} \cdot d^2$$

$$T = \left[C_{1\alpha} \frac{\pi \rho d^2}{8m} + C_{mp\alpha} \frac{\pi \rho d^4}{16 J_x} \right] \cdot d^2$$

式中，"'"是关于无因次距离 $S = x/d$ 求导；x 为距离；d 为弹径；m 为弹丸质量；ρ 为空气密度；J_x 为极转动惯量；J_y 为赤道转动惯量；C_D 为阻力系数；P 为转速。由微分方程理论可知上述的解为

$$\tilde{\xi} = k_1 e^{i\varphi_1} + k_2 e^{i\varphi_2} \tag{8.4}$$

式中

$$k_j = k_{j0} e^{\lambda_j s}$$

$$\varphi_j = \varphi_{j0} + \varphi'_j S, \quad j = 1, 2$$

上式还可以写成以下形式：

$$\tilde{\xi} = k_1 e^{i\varphi_1} + k - 2 e^{i\varphi_2}$$
$$= k_1 (\cos\varphi_1 + i\sin\varphi_1) + k_2 (\cos\varphi_2 + i\sin\varphi_2)$$
$$= (k_1 \cos\varphi_1 + k_2 \cos\varphi_2) + i(k_1 \sin\varphi_1 + k_2 \sin\varphi_2)$$
$$= \beta + i\alpha$$

因此

$$\beta = k_1 \cos\varphi_1 + k_2 \cos\varphi_2$$

$$\alpha = k_1 \sin\varphi_1 + k_2 \sin\varphi_2 \quad |\bar{\xi}| = \sqrt{\beta^2 + \alpha^2}$$
$$= \sqrt{k_1^2 + k_2^2 + 2k_1 k_2 \cos(\varphi_1 - \varphi_2)} = \delta$$

由式(8.4)可以看出，角运动是两个圆运动的合成。式(8.4)称为两臂模型。其中第一项为慢臂向量，它以较慢的角速度 φ'_1 在运动，此向量的长度为 $k_{10} e^{\lambda_1 s}$。第二项为快臂向量，它以较高的角速度 φ'_2 作快圆运动，此向量长度为 $k_{20} e^{\lambda_2 s}$。λ_1, λ_2 为阻尼指数，使二圆大小变化，$\varphi_{10}, \varphi_{20}$ 为两向量的起始方位角，k_{10}, k_{20} 为两向量在 $S = 0$ 的长，如图 8.1 和图 8.2 所示。

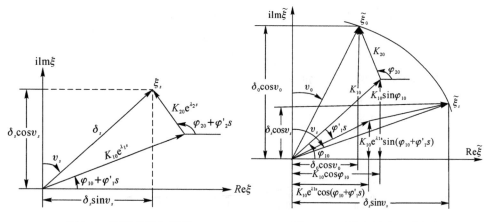

图 8.1　两臂模型向量图　　　　图 8.2　两臂向量随 S 的变化

图中 $\tilde{\xi}_0$ 是攻角在炮口的值,$\tilde{\xi}_s$ 是攻角在 S 处的值,图 8.2 表示当射距离从零增大到 S 时,$\tilde{\xi}$ 的变化情况。两个向量合成为外摆线,如图 8.3 所示。

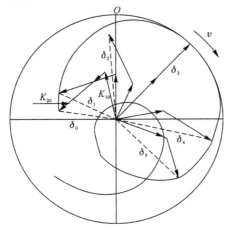

图 8.3　两臂相量合成外摆线

由上述讨论可知,两臂模型中,包含了 8 个未知参数,即 k_{10},k_{20},φ_{10},φ_{20},φ_1',φ_2',λ_1,λ_2。用微分方程理论和韦达定理可导出这 8 个未知数和 G,H,M,T 的关系如下:

$$G = -(\varphi_1' + \varphi_2')$$
$$H = -(\lambda_1 + \lambda_2)$$
$$M = \varphi_1' \varphi_2' - \lambda_1 \lambda_2$$
$$GT = \lambda_1 \varphi_2' + \lambda_2 \varphi_1'$$

以上是对旋转弹丸而言,对于非旋转弹 $G=0$。此时

$$\varphi_1' = -\varphi_2', \quad \lambda_1 = \lambda_2$$

这说明,非旋转弹丸的角运动,也是两圆运动的合成,只是两个圆运动阻尼指数相等,角速度大小相等,方向相反。8 个参数变成 6 个。

$|\tilde{\xi}|$ 恰恰是弹道模型中的 α_D,因此弹丸的起始扰动攻角 α_D 可用下式计算:

$$\alpha_D^2 = k_{10}^2 \mathrm{e}^{2\lambda_1 S} + k_{20}^2 \mathrm{e}^{2\lambda_1 S}$$

α_D 随射距离 S 变化关系如图 8.4 所示。

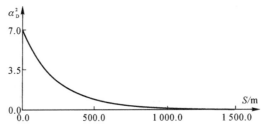

图 8.4　某榴弹的 $\alpha_D^2 - S$ 曲线

　　这说明弹丸的起始扰动攻角是随着射距离的增加逐渐衰减的,一般情况下,对于飞行稳定弹丸,起始扰动攻角 C_D 不会大于 $10°$,衰减距离不会大于 1 500 m。

　　为了分析同族装甲武器起始扰动对弹丸阻力的影响,这里选择了某型坦克炮族所装备的穿甲弹、破甲弹和杀爆榴弹 3 种典型弹丸,采用发射动力学和外弹道理论对其起始扰动攻角和诱导阻力系数进行计算。

　　图 8.5、图 8.6 和图 8.7 分别为某型穿甲弹、某型破甲弹和某型杀伤爆破弹装备在 A 型、B 型、C 型同族坦克炮上的起始扰动攻角计算情况,表 8.1~表 8.3 为起始扰动计算结果。

表 8.1　某型穿甲弹起始扰动计算结果

序号	火炮	初速/(m·s^{-1})	炮口压力/MPa	起始攻角/(°)	起始攻角速度/(rad·s^{-1})
1	A 型	1 510	74.3	$0.11e^{iv_0}$	$1.80e^{iv_0}$
2	B 型	1 547	64.1	$0.10e^{iv_0}$	$1.22e^{iv_0}$
3	C 型	1 522	70.7	$0.11e^{iv_0}$	$1.57e^{iv_0}$

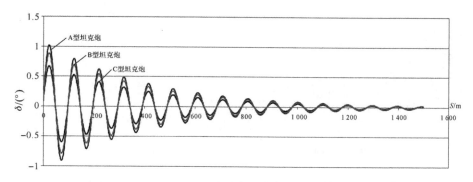

图 8.5　三型同族坦克炮发射某型穿甲弹时的起始扰动攻角图

表 8.2　某型破甲弹起始扰动计算结果

序号	火炮	初速/(m·s^{-1})	炮口压力/MPa	起始攻角/(°)	起始攻角速度/(rad·s^{-1})
1	A 型	1 128	67.3	$0.58e^{iv_0}$	$5.97e^{iv_0}$
2	B 型	1 162	58.5	$0.31e^{iv_0}$	$2.96e^{iv_0}$
3	C 型	1 142	62.4	$0.41e^{iv_0}$	$4.04e^{iv_0}$

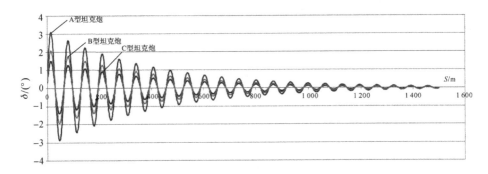

图 8.6 三型同族坦克炮发射某型破甲弹时的起始扰动攻角图

表 8.3 某型杀伤爆破弹起始扰动计算结果

序号	火炮	初速/(m·s^{-1})	炮口压力/MPa	起始攻角/(°)	起始攻角速度/(rad·s^{-1})
1	A 型	720	63.9	$2.58e^{i(29.3^0+v_0)}$	$12.98e^{iv_0}$
2	B 型	753	55.7	$1.85e^{i(31.6^0+v_0)}$	$9.32e^{iv_0}$
3	C 型	738	56.8	$1.95e^{i(30.9^0+v_0)}$	$9.73e^{iv_0}$

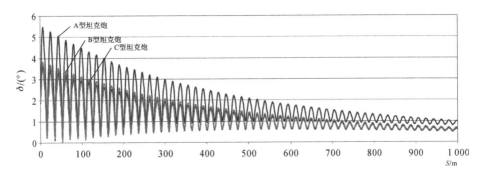

图 8.7 三型同族坦克炮发射某型杀伤爆破弹时的起始扰动攻角图

从图表中可以看出：

(1)对于不同弹药,穿甲弹的起始扰动攻角最小,而杀伤爆破弹的起始扰动攻角最大。

(2)对于同一弹药,在 A 型坦克炮上的起始扰动攻角最大。

(3)对于同一弹药,在不同火炮上的起始扰动的周期和衰减过程基本相同,弹丸起始扰动攻角在 A 型坦克炮上最大,而在 B 型坦克炮上最小,因此 A 型和 B 型坦克炮上的起始扰动攻角的差值为起始扰动攻角最大差。

为了分析同族装甲武器起始扰动变化对弹丸阻力的影响,需要知道不同火炮发射相同弹药时起始扰动攻角变化情况。为方便起见,本书对起始扰动攻角相差最大的 A 型和 B 型同族坦克炮进行研究。

　　根据表 8.1～表 8.3,分别计算某型穿甲弹、某型破甲弹和某型杀伤爆破弹在 A 型和 B 型同族坦克炮上发射时起始扰动攻角最大差随射距离变化的情况,然后进一步计算出起始扰动攻角最大差均值随射距离变化情况。

　　表 8.4 为某型穿甲弹起始扰动攻角最大差均值随射距离变化的计算结果。

　　图 8.8 为某型穿甲弹起始扰动攻角最大差随射距离变化曲线。

表 8.4　某型穿甲弹起始扰动攻角最大差均值随射距离变化计算结果

S/m	$\Delta\alpha_D/(°)$	S/m	$\Delta\alpha_D/(°)$	S/m	$\Delta\alpha_D/(°)$
0	0.199 2	500	0.060 3	1 000	0.015 5
50	0.179 3	550	0.052 6	1 050	0.013 9
100	0.161 0	600	0.045 8	1 100	0.012 4
150	0.144 0	650	0.039 8	1 150	0.011 2
200	0.128 4	700	0.034 6	1 200	0.010 2
250	0.114 2	750	0.030 0	1 250	0.009 2
300	0.101 1	800	0.026 1	1 300	0.008 2
350	0.089 3	850	0.022 8	1 350	0.007 2
400	0.078 6	900	0.019 9	1 400	0.006 0
450	0.069 0	950	0.017 5	1 450	0.004 7

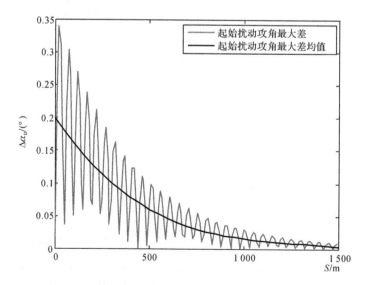

图 8.8　某型穿甲弹起始扰动攻角差随射距离变化图

表 8.5 为某型破甲弹起始扰动攻角最大差均值随射距离变化的计算结果。

图 8.9 为某型破甲弹起始扰动攻角最大差随射距离变化曲线。

表 8.5　某型破甲弹起始扰动攻角最大差均值随射距离变化计算结果

S/m	$\Delta\alpha_D/(°)$	S/m	$\Delta\alpha_D/(°)$	S/m	$\Delta\alpha_D/(°)$
0	1.075 2	500	0.318 3	1 000	0.076 6
50	0.966 6	550	0.276 6	1 050	0.067 6
100	0.866 2	600	0.239 7	1 100	0.060 0
150	0.773 7	650	0.207 2	1 150	0.053 5
200	0.688 8	700	0.178 9	1 200	0.047 7
250	0.611 0	750	0.154 4	1 250	0.042 3
300	0.540 2	800	0.133 3	1 300	0.036 9
350	0.475 8	850	0.115 3	1 350	0.031 2
400	0.417 6	900	0.100 1	1 400	0.024 9
450	0.365 2	950	0.087 3	1 450	0.017 6

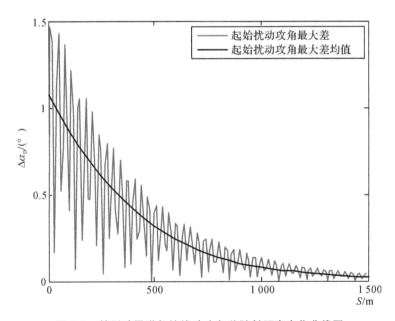

图 8.9　某型破甲弹起始扰动攻角差随射距离变化曲线图

表 8.6 为某型杀伤爆破弹起始扰动攻角最大差均值随射距离变化的计算结果。

图 8.10 为某型杀伤爆破弹起始扰动攻角最大差随射距离变化曲线。

表 8.6　某型杀伤爆破弹起始扰动攻角最大差均值随射距离变化计算结果

S/m	$\Delta\alpha_D/(°)$	S/m	$\Delta\alpha_D/(°)$	S/m	$\Delta\alpha_D/(°)$
0	1.260 4	350	0.688 2	700	0.443 9
50	1.148 0	400	0.639 9	750	0.420 0
100	1.047 1	450	0.597 7	800	0.395 6
150	0.956 9	500	0.560 7	850	0.375 8
200	0.876 8	550	0.526 1	900	0.350 9
250	0.805 8	600	0.495 1	950	0.331 0
300	0.743 2	650	0.468 0	1 000	0.320 0

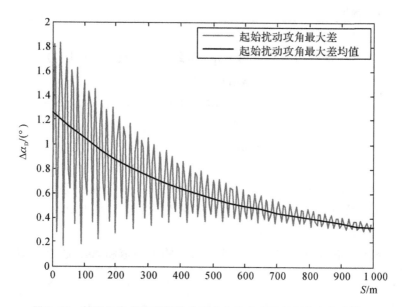

图 8.10　某型杀伤爆破弹起始扰动攻角变化差随射距离变化曲线图

为了估算弹丸起始扰动攻角变化对诱导阻力的影响,可根据上述计算结果进一步计算出某型穿甲弹、某型破甲弹和某型杀伤爆破弹起始扰动攻角最大差在弹丸整个起始扰动段的平均值,计算结果见表 8.7。

表 8.7　不同弹丸起始扰动攻角最大差在起始扰动段的平均值

弹种	某型穿甲弹	某型破甲弹	某型杀爆弹
平均值/(°)	0.057	0.301	0.640

至此,我们分析了某型同族坦克炮分别发射某型穿甲弹、某型破甲弹和某型杀伤爆破弹时的起始扰动攻角变化情况及平均值。

然而根据弹丸阻力系数的计算公式 $C_D = C_D + C_{D\alpha^2}(\alpha_e^2 + \alpha_b^2)$,要分析起始扰动攻角变化对弹丸阻力的影响,还需要知道不同弹丸的诱导阻力系数 $C_{D\alpha^2}$,表 8.8 给出了某型同族坦克炮配用穿甲弹、破甲弹和杀伤爆破弹时在起始扰动段的气动参数,依次估算不同弹药由于起始扰动攻角变化引起的弹丸阻力系数的变化情况。

表 8.8　不同弹丸在起始扰动段的诱导阻力系数 $C_{D\alpha^2}$ 计算结果

弹种	马赫数			
	1.5	5.0	3.5	2.5
某型穿甲弹	9.967	12.251		
某型破甲弹		2.810	3.046	
某型杀伤爆破弹			2.758	2.495

假设弹丸的扰动攻角变化量为 $\Delta\alpha_D$,那么在起始扰动段的阻力系数变化为

$$C_{D\alpha^2}(\alpha_D + \Delta\alpha_D)^2 - C_{D\alpha^2} \cdot \alpha_D^2$$
$$= \pm 2C_{D\alpha^2}\alpha_D\Delta\alpha_D + C_{D\alpha^2}\Delta\alpha_D^2$$
$$= C_{D\alpha^2}(\pm 2\alpha_D\Delta\alpha_D + \Delta\alpha_D^2)$$

现假设 $\Delta\alpha_D$ 为正值,可取最大值:

$$\Delta C_{D1} = C_{D\alpha^2}(2\alpha_D\Delta\alpha_D + \Delta\alpha_D^2)$$

经分析及计算可知:不同弹药在起始扰动段的诱导阻力系数 $C_{D\alpha^2}$ 的最大值、弹丸在起始扰动段攻角 α_D 的平均值和在不同平台起始扰动攻角最大差 $\Delta\alpha_D$ 的平均值见表 8.9。

表 8.9　不同弹药 $C_{D\alpha^2}$ 的最大值、α_D 的平均值和 $\Delta\alpha_D$ 的平均值

弹丸	某型穿甲弹	某型破甲弹	某型杀爆弹
$C_{D\alpha^2}$	12.25	3.05	2.76
α_D/(°)	0.18	0.55	1.79
$\Delta\alpha_D$/(°)	0.06	0.30	0.64

根据公式 $\Delta C_{D1} = C_{D_\alpha}{}^2 (2\alpha_D \Delta \alpha_D + \Delta \alpha_D^2)$，计算出不同弹药配用在不同武器平台上弹丸起始扰动变化引起的阻力系数的最大变化量见表 8.10。

表 8.10　不同弹药起始扰动变化引起阻力系数的最大变化量

弹丸	某型穿甲弹	某型破甲弹	某型杀爆弹
ΔC_{D1}	0.000 1	0.000 4	0.002 2

由上述计算结果可以看出，同族装甲武器不同火炮发射相同弹药时，由于起始扰动攻角不同使得诱导阻力不同，从而引起的弹丸阻力系数在 0.000 1～0.002 2 间变化，穿甲弹变化最小，杀伤爆破弹最大。那么由于起始扰动变化引起的阻力系数变化对射表精度到底有多大影响？下面针对穿甲弹、破甲弹和杀伤爆破弹等类同的弹药，分别在弹丸的起始扰动段对阻力系数变化 0.000 1，0.000 4 和 0.002 2 分别进行计算分析。

表 8.11 是 A 型坦克炮配用不同弹药时，假设穿甲弹阻力系数变化 0.000 1、破甲弹阻力系数变化 0.000 4、攻坚弹和杀伤爆破弹阻力系数变化 0.002 2 时弹丸在射距离 1 000 m 和 3 000 m 的弹道高的变化量。

表 8.11　不同弹药阻力系数变化引起的弹道高变化量

弹种	弹道高变化量/m	
	1 000 m	3 000 m
某型穿甲弹	0.000	0.000
某型脱壳穿甲弹	0.000	0.000
1 型破甲弹	0.000	0.019
2 型破甲弹	0.000	0.025
某型混凝土攻坚弹	0.001	0.043
1 型杀伤爆破弹	0.001	0.027
2 型杀伤爆破弹	0.001	0.032

表 8.12 是 A 型坦克炮配用不同弹药时，阻力系数变化（变化量同上）对弹丸最大射距离的影响。

表 8.12 不同弹药阻力系数变化引起的最大射距离变化量

弹种	射角/mil	最大射距离/m		射距离变化量/(%)
		阻力系数无变化	阻力系数变化后	
某型穿甲弹	18.50	8 000.0	7 997.5	0.001
某型脱壳穿甲弹	16.90	7 000.0	6 997.9	0.001
1 型破甲弹	143.75	6 000.0	5 994.0	0.013
2 型破甲弹	165.01	6 000.0	5 993.7	0.012
某型混凝土攻坚弹	114.77	7 000.0	6 995.0	0.031
1 型杀伤爆破弹	300.00	13 288.0	13 281.3	0.021
2 型杀伤爆破弹	300.00	12 680.0	12 673.6	0.021

从上述两个表中可以看出:同族装甲武器不同平台起始扰动引起的诱导阻力的变化无论是对甲弹相同距离上的弹道高和榴弹最大射角的射距离影响都不大。因此可得出如下结论:同族装甲武器配用同一弹药时,不同武器发射的弹丸起始扰动引起的诱导阻力无显著性变化。

2.对动力平衡角引起诱导阻力的分析

根据外弹道理论,弹丸的诱导阻力是由弹丸的炮口起始扰动攻角和弹丸在飞行过程中的动力平衡角引起的,即 $C_D = C_{D_0} + C_{D\alpha^2}(\alpha_e^2 + \alpha_D^2)$。上面分析了起始扰动攻角 α_D 变化对同族装甲武器外弹道特性的影响,下面分析同族装甲武器动力平衡角 α_e 变化对外弹道的影响。

动力平衡角是弹丸速度矢量和轴线方向的夹角,根据动力平衡角的定义可得

$$\alpha_e \approx \frac{J_x}{J_y} \frac{P}{\beta} \left| \frac{d\theta}{dt} \right|$$

其中:

$$P = P_0 e^{\Gamma t} = \frac{2\pi u_0}{\eta d} e^{-\Gamma t} \beta = \frac{d^2 h^*}{J_y} H(y) u^2 \times 10^3 K_{mz}(M)$$

$$\frac{d\theta}{dt} = -\frac{g_0 \cos\theta}{u}$$

因而:

$$\alpha_e \approx \frac{J_x}{J_y} \frac{P}{\beta} \left| \frac{d\theta}{dt} \right|$$

$$= \frac{J_x}{J_y} \cdot \frac{\dfrac{2\pi u_0}{\eta d} \mathrm{e}^{-\Gamma t}}{\dfrac{d^2 h^*}{J_y} H(y) u^2 10^3 K_{\mathrm{mz}}(M)} \cdot \frac{g_0 \cos\theta}{u}$$

$$= 2\pi J_x u_0 g_0 \frac{\mathrm{e}^{-t} \cos\theta}{(10du)^3 \eta H(y) h^* K_{\mathrm{mz}}(M)}$$

式中，J_x 为弹丸极转动惯量；u_0 为弹丸初速；g_0 为重力加速度；Γ 为弹丸转速衰减参数；θ 为弹道倾角；d 为弹丸直径；u 为弹丸速度；η 为火炮膛线缠度；$H(y)$ 为空气密度函数；h^* 为弹丸阻力臂；$K_{\mathrm{mz}}(M)$ 为弹丸翻转力矩特征数。

同族装甲武器发射同一弹药时，动力平衡角表达式中的弹丸极转动惯量 J_x、弹丸转速衰减参数 Γ、弹丸的直径 d、火炮膛线缠度 η 和重力加速度 g_0 都是常量；变化的是弹丸初速 u_0，随着弹丸初速变化而变化的是弹道倾角 θ、弹丸速度 u、空气密度函数 $H(y)$、弹丸阻力臂 h^* 和弹丸翻转力矩特征数 $K_{\mathrm{mz}}(M)$。因此当只有弹丸初速变化时，其动力平衡角才会变化。而对于同族装甲武器来说，其表定初速差一般不会超过 5%，表 8.13 是某型坦克炮族配用不同弹药时的表定初速值。

表 8.13　某型坦克炮族配用不同弹药时的表定初速（单位：m/s）

弹种	火炮类型		相对差
	A 型（C 型）	B 型	
某型穿甲弹	1 598.0	1 643.0	2.8
某型脱壳穿甲弹	1 530.0	1 560.0	2.0
1 型破甲弹	1 158.0	1 180.0	1.9
2 型破甲弹	1 140.0	1 160.0	1.8
某型混凝土攻坚弹	790.0	815.0	3.2
1 型杀伤爆破弹	800.0	830.0	3.8
2 型杀伤爆破弹	750.0	760.0	1.3

从表中可以看出，某型坦克炮族的表定初速之差不超过 3.8%，下面以同族装甲武器初速增加 5% 为例从理论分析动力平衡角的变化情况。

假设 $u_0' = (1+5\%)u_0 = 1.05u_0$，但对同族装甲武器发射同一弹药来说，一方面由于动力平衡角表达式中的弹丸极转动惯量 J_x、弹丸转速衰减参数 Γ、弹丸的直径 d、火炮膛线缠度 η 和重力加速度 g_0 都是常量；另一方面当马赫数相同时，弹丸速度 u、弹丸阻力臂 h^* 和弹丸翻转力矩特征数 $K_{\mathrm{mz}}(M)$ 是相同的；而

弹道倾角 θ 和空气密度函数 $H(y)$ 由于装甲武器大多数弹道为低伸弹道可近似看作不变。因此当弹丸初速变化时,即 $u'_0 = 1.05u_0$ 时,对于相同马赫数来说:

$$\frac{\alpha'_e}{\alpha_e} \approx \frac{2\pi J_x(1.05u_0)g_0 \dfrac{e^{-\Gamma' \cos\theta}}{(10du)^3 \eta H(y)h^* K_{mz}(M)}}{2\pi J_x u_0 g_0 \dfrac{-e^{-\Gamma t} \cos\theta}{(10du)^3 \eta H(y)h^* K_{mz}(M)}}$$

$$= 1.05$$

即
$$\alpha'_e = 1.05\alpha_e$$

则
$$\Delta\alpha_e = \alpha'_e - \alpha_e = 1.05\alpha_e - \alpha_e = 0.05\alpha_e$$

因此动力平衡角变化引起的诱导阻力变化为

$$\begin{aligned}
\Delta C_{D2} &= C_{D\alpha}^2 \cdot \alpha_e^2 - C_{D\alpha}^2 \cdot (\alpha_e - \Delta\alpha_e)^2 \\
&= C_{D\alpha}^2 \cdot \alpha_e^2 - C_{D\alpha}^2 \cdot (\alpha_e - 0.05\alpha_e)^2 \\
&= 0.0975 \cdot C_{D\alpha}^2 \cdot \alpha_e^2
\end{aligned}$$

即当同族装甲武器的初速变 5% 时,对相同的马赫数,弹丸的动力平衡角也变化 5%,而由于动力平衡角变化而引起的阻力系数变化量为 0.097 5 倍。

而装甲武器的主要任务是发射甲弹,射角一般不超过 5° 且弹道多为刚体弹道,而在发射榴弹时最大射角一般都不会超过 18°,因此弹丸的动力平衡角很小;根据外弹道理论可知:弹丸的动力平衡角随着火炮射角的增大而增大,随着弹丸初速增大而减小。因此选择初速最小的杀伤爆破弹在最大射角来分析动力平衡角变化对诱导阻力的影响。表 8.14 是某型坦克炮族分别配用某型杀伤爆破弹时,在射角 18° 所计算的动力平衡角最大值。

表 8.14 某型杀伤爆破弹 18°射角计算动力平衡角最大值统计表

火炮	动力平衡角最大值/rad	初速变化量/(%)	动力平衡角最大值变化量/(%)
A 型	0.013 4	—	—
B 型	0.013 4	0.0	0.0
C 型	0.013 9	3.8	3.7

从表中可以看出:同族装甲武器在实际弹道计算时弹丸初速变化引起的动力平衡角的变化和初速变化几乎是相同的,这和理论推导的结论是一致的;杀伤爆破弹的最大动力平衡角为 0.013 9 rad,而穿甲弹和破甲弹由于初速高、弹道低伸,因而动力平衡角的最大值不会超过杀伤爆破弹。

取动力平衡角最大值为 0.015,同族装甲武器初速变化 5%,则动力平衡角变化引起的诱导阻力变化量为 $0.097\ 5C_{D\alpha}^2\alpha_e^2$,表 8.15 是某型坦克炮族配用不同弹药时初速变化 5% 时,按照公式 $\Delta C_{D2} = 0.097\ 5C_{D\alpha^2}\alpha_e^2$,将某型穿甲弹、某型破甲弹和某型杀伤爆破弹的诱导阻力系数 $\Delta C_{D\alpha}{}^2$ 的最大值代入公式,计算出的动力平衡角变化引起的弹丸阻力系数变化的最大值。

表 8.15 不同弹药动力平衡角变化引起的阻力系数变化的最大值

弹丸	某型穿甲弹	某型破甲弹	某型杀爆弹
ΔC_{D2}	0.000 3	0.000 1	0.000 1

表 8.16 是 A 型坦克炮配用不同弹药时,假设穿甲弹阻力系数变化 0.000 3、破甲弹阻力系数变化 0.000 1、攻坚弹和杀伤爆破弹阻力系数变化 0.000 1 时弹丸在射距离 1 000 m 和 3 000 m 时的弹道高变化量。

表 8.16 不同弹药阻力系数变化引起的弹道高变化量

弹种	弹道高变化量/m	
	1 000 m	3 000 m
某型穿甲弹	0.000	0.001
某型脱壳穿甲弹	0.000	0.001
1 型破甲弹	0.000	0.006
2 型破甲弹	0.000	0.008
某型混凝土攻坚弹	0.000	0.003
1 型杀伤爆破弹	0.000	0.002
2 型杀伤爆破弹	0.000	0.002

表 8.17 是 A 型坦克炮配用不同弹药时,阻力系数变化(变化量同上)对弹丸最大射距离的影响。

表 8.17 不同弹药阻力系数变化引起的最大射距离变化量

弹 种	最大射距离/m		射距离变化量/(%)
	阻力系数无变化	阻力系数变化后	
某型穿甲弹	8 000.0	7 999.5	0.006
某型脱壳穿甲弹	7 000.0	6 999.7	0.005
1 型破甲弹	6 000.0	5 999.6	0.007

续 表

弹　种	最大射距离/m		射距离变化量/（％）
	阻力系数无变化	阻力系数变化后	
2 型破甲弹	6 000.0	5 999.6	0.007
某型混凝土攻坚弹	7 000.0	6 999.7	0.005
1 型杀伤爆破弹	13 288.0	13 287.2	0.006
2 型杀伤爆破弹 2	12 680.0	12 679.4	0.005

从表中可以看出：同族装甲武器初速变化不超过 5％时，动力平衡角变化所产生的诱导阻力变化对弹丸射程几乎没有影响。

结论：同族装甲武器配用同一弹药时，不同武器发射的弹丸动力平衡角引起的诱导阻力无显著性差异。

综上所述，同族装甲武器配用同一弹药时，不同武器平台发射同一弹药时，弹丸起始扰动攻角变化和动力平衡角变化引起的阻力系数 $C_{D\alpha^2}(\alpha_e^2+\alpha_D^2)$ 变化无著性差异，而弹丸的零阻系数 C_{D_0} 是不变的，由此根据公式 $C_D=C_D+C_{D\alpha^2}(\alpha_e^2+\alpha_D^2)$，同族装甲武器配用相同弹药时，不同武器发射的弹丸阻力系数无显著性差异，即可以认为弹丸的阻力系数是不变的。

结论：同族装甲武器配用同一弹药时，不同武器发射的弹丸其自身阻力系数无显著性差异。

这一结论是同族装甲武器射表编拟方法的理论基础。

3. 同族装甲武器阻力系数无显著性差异的试验验证

上节主要从理论方面分析了同族装甲武器配用相同弹药时，不同武器发射的弹丸其自身阻力系数无显著性差异这一特性，下面以某型坦克炮族为例，从试验方面进一步验证这一结论。

在进行某型坦克炮系列弹药射表试验时，对于同一弹药分别在该型坦克炮族的 A 型、B 型和 C 型三种不同火炮上测量了弹丸自身阻力系数，试验结果表明坦克炮族的 3 种火炮提取的弹丸自身阻力系数无差异，由于射表试验的重点是获取弹丸自身阻力系数和符合系数，因此在采用同一阻力系数进行符合计算的前提下，重点分析 3 型火炮符合系数是否有差异。

（1）对 3 型坦克炮不同弹丸自身阻力系数的统计。在射表试验中用雷达分别测量某型坦克炮配用的某型穿甲弹、某型脱壳穿甲弹、某型破甲弹、某型混凝土攻坚弹、某型杀伤爆破弹等 5 种弹丸的弹丸自身阻力系数,见表 8.18~表 8.22。

表 8.18　某型穿甲弹自身阻力曲线统计表

Ma	1.1	2.0	3.0	4.0
C_D	1.139	0.986	0.816	0.646

表 8.19　某型脱壳穿甲弹自身阻力曲线统计表

Ma	1.1	2.0	3.0	4.0
C_D	0.873	0.755	0.623	0.491

表 8.20　某型破甲弹自身阻力曲线统计表

Ma	0.5	1.0	1.5	2.0	3.0
C_D	0.700	0.895	0.832	0.696	0.523

表 8.21　某型混凝土攻坚弹自身阻力曲线统计表

Ma	1.0	1.5	2.0	2.5
C_D	0.515	0.467	0.415	0.371

表 8.22　某型杀伤爆破弹自身阻力曲线统计表

Ma	0.5	1.0	1.5	2.0	3.0
C_D	0.170	0.385	0.375	0.317	0.242

(2)对 3 型坦克炮不同弹丸符合系数的统计及分析。为了能够编拟出高精度的射表,装甲武器射表试验中一般都要进行立靶试验及最大射程试验,目的是进行符合计算,修正弹丸自身阻力系数的测量误差和偶然误差。在采用相同阻力系数的情况下,同一弹丸在 3 型坦克炮的阻力系数是否相同,完全可以通过符合系数表现出来。表 8.23~表 8.24 是某型坦克炮族 3 型火炮配用不同弹药进行射表试验时所计算的符合系数及均方差。

表 8.23　不同弹药符合系数统计表

弹丸种类	A 型	B 型	C 型
某型穿甲弹	1.004 6	1.017 7	1.009 1
某型脱壳穿甲弹	0.977 9	0.986 6	0.990 9
1 型破甲弹	1.011 1	1.002 9	1.002 8
2 型破甲弹	0.989 8	0.989 4	1.001 8
某型混凝土攻坚弹	0.996 9	0.986 4	0.993 6
1 型杀伤爆破弹	0.973 4	0.984 0	0.983 6
2 型杀伤爆破弹	0.979 3	0.988 3	0.980 7

表 8.24　使用同一阻力系数曲线符合系数均方差

弹丸种类	A 型	B 型	C 型
某型穿甲弹	0.010 7	0.012 3	0.011 1
某型脱壳穿甲弹	0.014 1	0.013 5	0.012 7
1 型破甲弹	0.011 5	0.012 1	0.012 3
2 型破甲弹	0.009 9	0.011 2	0.011 7
某型混凝土攻坚弹	0.012 3	0.010 3	0.013 2
1 型杀伤爆破弹	0.013 5	0.012 9	0.013 9
2 型杀伤爆破弹	0.013 6	0.013 3	0.014 1

从统计结果来看,3 种坦克炮的符合系数相差并不大,那么是否可以说符合系数无显著性差异? 下面通过数理统计方法进行分析。

检验方法:假设来自总体 X_A 的样本量($X_{A1}, X_{A2}, \cdots, X_{An}$)和来自总体 X_B 的样本量($X_{B1}, X_{B2}, \cdots, X_{Bn}$)。

1)计算样本均值 $\overline{X}_A, \overline{X}_B$ 和样本方差 S_A^2 和 S_B^2:

$$\overline{X}_A = \frac{1}{n} \sum_{i=1}^{n} X_{Ai}$$

$$\overline{X}_B = \frac{1}{m} \sum_{i=1}^{n} X_{Bi}$$

$$S_A^2 = \frac{1}{n-1} \sum_{i=1}^{m} (X_{Ai} - \overline{X}_A)^2$$

$$S_B^2 = \frac{1}{m-1} \sum_{i=1}^{m} (X_{Bi} - \overline{X}_B)^2$$

2)计算统计量 T 的值：

$$T = \frac{\overline{X}_A - \overline{X}_B}{\sqrt{\dfrac{(n-1)S_A^2 + (m-1)S_B^2}{n+m-2}} \cdot \sqrt{\dfrac{1}{n} + \dfrac{1}{m}}} \tag{8.5}$$

3)给出显著性水平 α，以 $n+m-2$ 为自由度查 t 分布分位数表得到 $t_{a/2}(n+m-2)$；

4)判断：

若 $|T| > t_{a/2}$，则拒绝零假设 H_0，$\mu_A = \mu_B$，即认为 μ_A 与 μ_B 不等；

若 $|T| \leqslant t_{a/2}$，则不能拒绝零假设 H_0，即无理由认为 μ_A 与 μ_B 不等。

下面根据上述方法对 3 型某型坦克炮配用不同弹药的符合系数进行一致性检验。

依据表 8.23 和表 8.24 数据，对 3 型坦克炮配用的 7 种弹药的符合系数进行一致性检验，根据公式(8.5)计算出统计量 $|T|$ 见表 8.25。

表 8.25　统计量表

弹丸种类	A 型与 B 型	A 型与 C 型	B 型与 C 型
某型穿甲弹	2.126	0.772	1.373
某型脱壳穿甲弹	1.179	1.799	0.614
1 型破甲弹	1.300	1.304	0.015
2 型破甲弹	0.071	2.072	2.026
某型混凝土攻坚弹	1.732	0.484	1.138
1 型杀伤爆破弹	1.502	1.392	0.056
2 型杀伤爆破弹	1.252	0.189	1.037

取样本量 $n=7$，$m=7$，$\alpha=0.05$，则，$t_{a/2}(n+m-2)=2.179$，通过比较统计量 $|T|$ 和 $t_{a/2}(n+m-2)$，检验结果见表 8.26。

表 8.26　检验结果

弹丸种类	A 型与 B 型	A 型与 C 型	B 型与 C 型
某型穿甲弹	一致	一致	一致
某型脱壳穿甲弹	一致	一致	一致
1 型破甲弹	一致	一致	一致

续 表

弹丸种类	A 型与 B 型	A 型与 C 型	B 型与 C 型
2 型破甲弹	一致	一致	一致
某型混凝土攻坚弹	一致	一致	一致
1 型杀伤爆破弹	一致	一致	一致
2 型杀伤爆破弹	一致	一致	一致

从表 8.26 可以看出,某型坦克炮族 3 种火炮配用的 7 种弹丸在不同的火炮上发射时其阻力符合系数无显著性差异,即不同火炮配用同一弹药时弹丸的阻力系数基本相同。

上面从理论和试验方面都证明了同族装甲武器配用同一弹药时弹丸的阻力系数无显著性差异这一重要结论,这也是同族装甲武器射表编拟方法研究的基础。

8.3 同族装甲武器不同平台初速对弹丸外弹道特性的影响

弹丸初速是弹道计算的起始条件,也是编拟射表必不可少的数据之一,是弹丸运动的一个重要参数和基本特征量。

8.3.1 同族装甲武器不同平台表定初速对弹丸外弹道特性的影响

对于同一弹药来说,弹丸表定初速会由于火炮身管结构、发射平台等条件不同而不同,但对于同族装甲武器来说,由于其系列化要求特点,所以其火炮身管结构和发射平台一般都会发生变化,这样同一弹药在不同平台发射时弹丸的表定初速会有所不同。但弹药在定型试验过程中,对于不同的武器平台都要进行适应性试验,这样就可通过内弹道计算和外弹道试验确定弹药在不同武器平台上的表定初速。

下面以某型坦克炮族为例分析同族装甲武器的初速变化情况,该型坦克炮有 3 种身管分别装配在不同的射击平台上,那么这 3 种火炮配用同一弹药时初速变化到底有多大呢? 表 8.27 是 3 型坦克炮配用 7 种不同弹药时进行射表编拟试验时的表定初速值。

表 8.27　3 型坦克炮配用不同弹药时的表定初速(单位:m/s)

弹种	火炮类型		相对差
	A 型(C 型)	B 型	
某型穿甲弹	1 598.0	1 643.0	2.8
某型脱壳穿甲弹	1 530.0	1 560.0	2.0
1 型破甲弹	1 158.0	1 180.0	1.9
2 型破甲弹	1 140.0	1 160.0	1.8
某型混凝土攻坚弹	790.0	815.0	3.2
1 型杀伤爆破弹	800.0	830.0	3.8
2 型杀伤爆破弹	750.0	760.0	1.3

从表 8.27 中可以看出:对于同族装甲武器来说,A 型和 C 型表定初速相同,而 B 型表定初速大于 A 型和 C 型,初速变化量在 1.8%～3.8%之间。那么根据外弹道知识知道弹丸的初速不同外弹道特性肯定不同,那么初速对弹丸外弹道特性影响到底有多大?

下面以弹丸初速变化 1%来计算同族装甲武器初速变化对弹丸外弹道特性的影响。表 8.28 和表 8.29 是某型坦克炮族配用同一弹药,初速变化 1%时的1 000m 射距离的弹道高变化量和在最大射距离的射距离变化量。

表 8.28　初速变化 1%时的 1 000 m 射距离的弹道高变化量

弹种类别	A 型	B 型	C 型
某型穿甲弹	0.039	0.037	0.039
某型脱壳穿甲弹	0.042	0.041	0.042
1 型破甲弹	0.092	0.088	0.092
2 型破甲弹	0.099	0.096	0.101
某型混凝土攻坚弹	0.173	0.162	0.173
1 型杀伤爆破弹	0.134	0.120	0.139
2 型杀伤爆破弹	0.156	0.147	0.139

表 8.29　初速变化 1‰ 时在最大射距离上的射距离变化量

弹种类别	A 型	B 型	C 型
某型穿甲弹	147.0	148.6	146.9
某型脱壳穿甲弹	130.0	127.3	127.0
1 型破甲弹	51.3	52.0	51.7
2 型破甲弹	54.1	55.3	51.4
某型混凝土攻坚弹	85.0	86.2	85.1
1 型杀伤爆破弹	145.6	150.4	144.1
2 型杀伤爆破弹	132.8	136.5	130.3

从表中可以看出：

(1)同族装甲武器的初速变化对穿甲弹、破甲弹等直射弹药的弹道高影响较小,但对攻坚弹、杀伤爆破弹等初速较小的弹药弹道高影响较大。

(2)同族装甲武器的初速变化对任何弹药的射距离影响都较大,这说明同族装甲武器表定初速不同对弹丸射距离影响较大。

结论:同族装甲武器配用同一弹药,不同武器发射平台的弹丸表定初速不同时,对穿甲弹、破甲弹等直射弹药的弹道高影响较小,对弹丸的射距离影响较大。

通过上面分析知道火炮初速对同族装甲武器的外弹道性能有影响,特别是对射距离的影响较大,而在弹药表定初速确定的前提下,药温变化是影响弹丸初速的主要因素之一,因此射表试验的一个主要项目就是药温修正系数试验,下面分析同族装甲武器不同火炮的药温修正系数。

8.3.2　同族装甲武器不同平台药温变化对弹丸外弹道特性的影响

弹丸的表定初速是在标准弹道条件下测定的初速,但实际射击条件通常不同于标准条件,许多因素都会影响弹丸的初速,如弹药的药温变化就直接影响火炮的初速,因此在射表中载出药温的修正量,射表试验时就必须进行药温修正系数试验。那么同族装甲武器配用同一弹药时,不同火炮的药温修正系数是否一致呢?

由于同族装甲武器不同火炮的药室完全一样,只是身管有较小差异,其表定初速相差也不是很大,因此无论是从内弹道学还是从微分学分析一般都认为药温变化对初速的影响规律在不同火炮上是相同的。

一般情况下,如果药温系数是线性变化的,可根据试验中所获取的弹药高温、常温和低温初速数据,按照下面公式计算药温修正系数 I_t:

$$I_t = \frac{V_{0高} - V_{0低}}{V_{0常}} \cdot \frac{1}{t_高 - t_低}$$

式中,$V_{0高}$,$V_{0常}$,$V_{0低}$ 分别为弹药在高温、常温和低温的初速;$t_高$ 和 $t_低$ 分别为弹药高温和低温装药温度。

表 8.30 是 3 型同族火炮配用 7 种不同弹药的药温修正系数 I_t 和不同火炮间的药温修正系数的最大差 $\Delta I_{t\max}$。

表 8.30　不同火炮 7 种弹药药温修正系数及最大差

弹丸种类	药温修正系数 I_t			$\Delta I_{t\max}$
	A 型	B 型	C 型	
某型穿甲弹	0.000 009	0.000 013	0.000 001	0.000 012
某型脱壳穿甲弹	0.000 299	0.000 288	0.000 270	0.000 029
1 型破甲弹	0.000 501	0.000 481	0.000 499	0.000 020
2 型破甲弹	0.000 428	0.000 403	0.000 416	0.000 025
某型混凝土攻坚弹	0.000 741	0.000 759	0.000 756	0.000 028
1 型杀伤爆破弹	0.000 703	0.000 675	0.000 688	0.000 028
2 型杀伤爆破弹	0.000 500	0.000 518	0.000 527	0.000 027

从表中可以看出,某型坦克炮族配用不同弹药时的药温修正系数变化并不大,不同弹药药温修正系数的最大值和最小值也并不完全体现在某一种火炮上,这说明弹药药温修正系数也与火炮的状态和测量误差有关,但不同火炮、不同弹药的药温修正系数最大差不超过 0.000 03。这表明无论对于何种弹药,在同族装甲武器上当药温变化 1°时,药温变化引起的初速变化量不超过 0.003%,这个初速变化量是非常小的,当然引起的弹道高和射距离的变化量也会非常小。那么对于同一弹药来说,同族装甲武器的药温修正系数是否可以看做一样呢?可以应用数理统计的方法进行检验。表 8.31 是 3 型同族火炮配用 7 种不同弹药药温修正系数的方差。

表 8.31 药温修正系数方差

弹丸种类	A 型	B 型	C 型
某型穿甲弹	0.000 020	0.000 033	0.000 031
某型脱壳穿甲弹	0.000 048	0.000 066	0.000 055
1 型破甲弹	0.000 031	0.000 035	0.000 028
2 型破甲弹	0.000 066	0.000 062	0.000 048
某型混凝土攻坚弹	0.000 067	0.000 045	0.000 048
1 型杀伤爆破弹	0.000 028	0.000 054	0.000 044
2 型杀伤爆破弹	0.000 068	0.000 058	0.000 042

依据公式(8.5)分别计算出统计量$|T|$见表 8.32,检验结果见表 8.33。

表 8.32 7 种弹药药温修正系数统计量$|T|$表

弹丸种类	A 型与 B 型	A 型与 C 型	B 型与 C 型
某型穿甲弹	0.274 259	0.573 733	0.701 218
某型脱壳穿甲弹	0.356 619	1.051 052	0.554 324
1 型破甲弹	1.131 759	0.126 672	1.062 506
2 型破甲弹	0.730 436	0.389 039	0.438 657
某型混凝土攻坚弹	0.590 062	0.481 515	0.120 636
1 型杀伤爆破弹	1.217 885	0.760 949	0.493 778
2 型杀伤爆破弹	0.532 847	0.893 779	0.332 520

表 8.33 不同火炮 7 种弹药药温修正系数一致性检验结果

弹丸种类	A 型与 B 型	A 型与 C 型	B 型与 C 型
某型穿甲弹	通过	通过	通过
某型脱壳穿甲弹	通过	通过	通过

续　表

弹丸种类	A 型与 B 型	A 型与 C 型	B 型与 C 型
1 型破甲弹	通过	通过	通过
2 型破甲弹	通过	通过	通过
某型混凝土攻坚弹	通过	通过	通过
1 型杀伤爆破弹	通过	通过	通过
2 型杀伤爆破弹	通过	通过	通过

从表中可以看出:3 型同族坦克炮配用同一弹药时,弹药的药温修正系数无显著性差异。

至此可以认为同族装甲武器配用同一弹药时药温修正系数无显著性差异,即药温修正系数相同。

8.4　同族装甲武器不同平台跳角对弹丸外弹道特性的影响

火炮的射角是影响弹道最主要的因素之一,而射角是由火炮仰角和跳角两部分组成的。仰角是火炮发射前炮管轴线与水平面的夹角,无论什么火炮这个角度试验都可以用象限仪准确给出;而跳角是由于火炮在发射过程中炮管的振动和角运动变化,在弹丸出炮口时炮管轴线偏离原方向所产生的角度,因而跳角有垂直分量和水平分量,分别称之为垂直跳角和水平跳角,水平跳角使火炮射向发生变化,而垂直跳角则构成射角的一部分,即射角为仰角与纵向跳角之和。由于火炮的射向和仰角在试验时都能够准确的标定给出,因此主要讨论跳角对射表精度的影响。

由于装甲武器弹道大多为低伸弹道,跳角对弹道影响较大,因此为了获得准确的射角,装甲武器的射表试验规定有跳角试验项目。通常情况下,为了获取某型火炮的表定跳角需要用 3 门相同类型的火炮进行跳角试验,但在以往的射表试验中发现 3 门火炮试验所获得跳角差别有时比较大,认为 3 门炮跳角均值代表该型火炮的表定跳角用于修正射角并不科学。因此为了提高射表精度,目前试验时只对试验火炮进行跳角试验,用于修正试验射角和射向,而所编拟的射表射角不含跳角,即表定跳角为 0。在使用射表时,可根据火炮的综合修正量进行射角和射向的修正。

8.4.1 试验中跳角的计算方法

跳角试验的目的是为了获取试验用火炮的跳角,用以修正射角和射向,为符合计算提供依据。为了获得准确的试验射角和射向,射击前要用象限仪准确装定仰角,用周视镜准确装定射向。射击后测量 K 炮重直跳角和水平跳角,用以修正试验射角和射向。

跳角的计算方法如下:

垂直跳角 $$\gamma_y = \arctan\left(\frac{y}{x} + \frac{gx}{2v_0}\right) \times 955$$

水平跳角 $$\omega_z = \arctan\left(\frac{z}{y}\right) \times 955$$

式中,y 为弹丸在跳角靶上的垂直坐标;z 为弹丸在跳角靶上的横向坐标;x 为炮耳轴中点到跳角靶的距离;v_0 为弹丸炮口初速;g 为重力加速度。

那么同族装甲武器不同火炮的跳角是否相同,对射表精度的影响有多大?下面分别以某型坦克炮族配用 7 种典型弹药射表试验讨论跳角对射表编拟精度的影响。

8.4.2 对某型坦克炮族跳角试验数据的统计

在某型坦克炮族不同弹药的射表试验中分别进行了跳角试验,表 8.34 和表 8.35 是 3 种火炮 7 种不同弹药的跳角试验垂直跳角和水平跳角的平均值。

表 8.34 不同火炮 7 种弹药垂直跳角及最大差

弹丸种类	垂直跳角/mil			最大差/mil
	A 型	B 型	C 型	
某型穿甲弹	−0.244	−0.751	−0.170	0.581
某型脱壳穿甲弹	0.570	−0.440	−1.000	1.570
1 型破甲弹	3.643	0.146	−1.071	4.714
2 型破甲弹	0.459	1.620	2.157	1.698
某型混凝土攻坚弹	−0.391	0.528	−0.451	0.979
1 型杀伤爆破弹	−0.244	−0.751	−0.170	0.581
2 型杀伤爆破弹	−0.707	0.943	−0.043	1.650

表 8.35　不同火炮 7 种弹药水平跳角及最大差

弹丸种类	水平跳角/mil			最大差/mil
	A 型	B 型	C 型	
某型穿甲弹	0.700	−0.983	1.139	2.122
某型脱壳穿甲弹	−0.200	−0.310	−0.160	0.150
1 型破甲弹	1.181	0.648	1.562	0.914
2 型破甲弹	−0.026	−0.936	−0.132	0.910
某型混凝土攻坚弹	−0.794	−0.341	−1.318	0.977
1 型杀伤爆破弹	−0.598	−0.940	−0.022	0.918
2 型杀伤爆破弹	−1.040	0.448	−1.150	1.598

从表中可以看出:同一弹药在不同火炮上的跳角是不同的,有些相差还很大,甚至跳角的方向都是相反的。那么跳角对弹药的射表精度是否有影响呢?下面就此问题进行分析。

8.4.3　装甲武器跳角对射表精度的影响分析

装甲武器一般都可发射甲弹类的直瞄弹药和杀伤爆破弹类的间瞄弹药,这两类弹药射表编拟试验中的符合计算是有区别的,直瞄弹药符合计算是在实际条件下用弹丸立靶飞行时间符合立靶距离,而间瞄弹药符合计算则是在实际条件下用射角符合射距离。那么下面对两种情况分别加以分析。

1. 装甲武器甲弹类射表试验跳角对射表精度的影响

跳角试验的主要目的就是为获得火炮跳角,用于修正火炮射角和射向,为弹道符合计算做准备。由于甲弹初速高、射角小,主要用于直射,因而符合计算采用立靶飞行时间进行符合计算。表 8.36 是某型坦克炮族几种甲弹分别采用修正跳角(方法 1)和不修正跳角(方法 2)两种不同方法的符合计算结果。

表 8.36-1～表 8.36-5 为不同火炮配 5 种甲弹类对比结果。

表 8.36 - 1　　Ⅰ型穿甲弹对比结果

火炮类别	跳角/mil	符合系数		符合系数差
		方法 1	方法 2	
A 型	-0.244	1.003 92	1.003 91	0.000 01
B 型	-0.751	1.026 87	1.026 85	0.000 02
C 型	-0.170	1.009 62	1.009 61	0.000 01

表 8.36 - 2　　Ⅱ型穿甲弹对比结果

火炮类别	跳角/mil	符合系数		符合系数差
		方法 1	方法 2	
A 型	0.57	0.977 89	0.977 90	0.000 01
B 型	-0.44	1.036 43	1.036 42	0.000 01
C 型	1.00	0.990 91	0.990 86	0.000 05

表 8.36 - 3　　某型破甲弹对比结果

火炮类别	跳角/mil	符合系数		符合系数差
		方法 1	方法 2	
A 型	3.643	1.011 13	1.010 96	0.000 17
B 型	0.146	1.002 83	1.002 83	0.000 00
C 型	-1.071	1.002 91	1.002 95	0.000 04

表 8.36 - 4　　某型破甲弹对比结果

火炮类别	跳角/mil	符合系数		符合系数差
		方法 1	方法 2	
A 型	0.459	0.989 86	0.989 84	0.000 02
B 型	1.620	0.989 36	0.989 29	0.000 07
C 型	2.157	1.048 02	1.047 91	0.000 11

表 8.36-5　某型混凝土攻坚弹对比结果

火炮类别	跳角/mil	符合系数		符合系数差
		方法 1	方法 2	
A 型	-0.391	0.996 90	0.996 87	0.000 03
B 型	0.528	0.986 36	0.986 39	0.000 03
C 型	-0.451	0.993 61	0.993 58	0.000 03

从表中可以看出:在甲弹符合计算中修正跳角对符合系数的影响很小,即使跳角达到将近 4mil 时,符合系数的变化也仅仅在 0.000 20 左右。那么使用不修正跳角计算的符合系数计算的弹道和修正跳角后计算的符合系数对弹道的影响多大吗? 表 8.37-1～表 8.37-5 是用两种符合系数计算的不同火炮在不同射距离上的弹道高差。

表 8.37-1　Ⅰ型穿甲弹不同距离上的弹道高差

火炮类别	不同射距离的弹道高差/m	
	1 000 m	3 000 m
A 型	0.000	0.000
B 型	0.000	0.000
C 型	0.000	0.000

表 8.37-2　Ⅱ型穿甲弹不同距离上的弹道高差

火炮类别	不同射距离的弹道高差/m	
	1 000 m	3 000 m
A 型	0.000	0.000
B 型	0.000	0.000
C 型	0.000	0.000

表 8.37 - 3 Ⅰ型破甲弹不同距离上的弹道高差

火炮类别	不同射距离的弹道高差/m	
	1 000 m	3 000 m
A 型	0.000	0.010
B 型	0.000	0.000
C 型	0.000	0.000

表 8.37 - 4 Ⅱ型破甲弹不同距离上的弹道高差

火炮类别	不同射距离的弹道高差/m	
	1 000 m	3 000 m
A 型	0.000	0.001
B 型	0.000	0.005
C 型	0.000	0.010

表 8.37 - 5 某型混凝土攻坚弹不同距离上的弹道高差

火炮类别	不同射距离的弹道高差/m	
	1 000 m	3 000 m
A 型	0.000	0.001
B 型	0.000	0.001
C 型	0.000	0.001

装甲武器火炮所配甲弹类弹药主要用于摧毁各种坦克武器、装甲车辆、破坏混凝土工事等。所以为了判定采用不同方法所编拟射表的精度,可以比较它们在相同射距离上弹道高差。从表 8.37 - 1 到表 8.37 - 5 的 3 种炮对比结果可以看出:在符合计算中考虑跳角与不考虑跳角所编射表在不同射距离上弹道差都很小,在 1 000 m 射距离上弹道高没有差别,在 3 000 m 射距离上弹道高的差几乎都毫米级,由此可以得出以下结论:

在装甲武器甲弹射表试验时,修正跳角对射表精度几乎没有影响,因此在射表试验策划设计中可以不设置跳角试验项目。

2.装甲武器榴弹类射表试验跳角对射表精度的影响

装甲武器榴弹类弹药不仅能直瞄射击还可进行间瞄射击,因此跳角对此类弹药射表精度的影响可分两大部分,一是小射角直射时跳角对射表精度的影响;二是射角比较大时,间瞄射击对射表精度的影响。

那么修正跳角和不修正跳角对榴弹类弹药的符合系数和射表精度影响有多大呢? 同样用两种方法进行符合计算,方法 1 是修正跳角,方法 2 是不修正跳角。表 8.38 为不同某型坦克炮族分别配用两种杀伤爆破弹进行射表试验时,采用两种方法符合系数计算结果,其中 F_D 为阻力符合系数,F_L 为升力符合系数。

表 8.38　不同火炮配用两种榴弹采用两种方法符合系数计算结果

弹药种类	火炮种类	跳角/mil		阻力符合系数 F_D			升力符合系数 F_L		
		垂直方向	水平方向	方法 1	方法 2	差值	方法 1	方法 2	差值
第 1 种弹药	A 型	−0.707	−0.528	0.973 4	0.976 9	0.003 5	1.261 7	1.328 2	0.066 5
	B 型	−0.043	−0.022	0.984 1	0.984 3	0.000 2	1.115 0	1.117 6	0.002 6
	C 型	0.943	−0.940	0.983 6	0.979 6	0.004 0	0.940 4	1.071 6	0.131 2
第 2 种弹药	A 型	−0.700	−1.040	0.979 3	0.981 8	0.002 5	1.057 6	1.169 2	0.111 6
	B 型	−0.596	0.448	1.008 3	1.010 1	0.001 8	0.765 8	0.715 8	0.050 0
	C 型	0.332	−1.150	1.049 6	1.048 8	0.000 8	0.980 7	1.108 4	0.127 7

从表 8.38 中可以看出跳角的修正对符合系数的影响还是较大的,而且跳角越大对符合系数的影响也越大。

(1)试验跳角在直瞄条件下对射表精度的影响。由于榴弹飞行靠旋转稳定,因此在直瞄条件下符合系数对于榴弹弹道的影响,不仅要考虑垂直跳角对弹道高的影响还要考虑水平跳角对方向的影响。表 8.39、表 8.40 分别为某型坦克炮族配用两种杀伤爆破弹采用两种方法计算的不同射距离的弹道高差和方向差。

表 8.39　Ⅰ型杀伤爆破弹在不同射距离的弹道高差和方向差

火炮类别	1 000 m		3 000 m	
	弹道高差/m	方向差/m	弹道高差/m	方向差/m
A 型	0.005	0.018	0.009	0.180
B 型	0.001	0.002	0.002	0.017
C 型	0.006	0.034	0.010	0.361

表 8.40　Ⅱ 型杀伤爆破弹在不同射距离的弹道高差和方向差

火炮类别	1 000 m		3 000 m	
	弹道高差/m	方向差/m	弹道高差/m	方向差/m
A 型	0.005	0.030	0.011	0.317
B 型	0.004	0.014	0.009	0.101
C 型	0.003	0.034	0.008	0.371

从表 8.39、表 8.40 对比结果可以看出:在符合计算中考虑跳角与不考虑跳角所编射表在不同射距离上弹道高影响较小,但对方向影响比较大。

(2)试验跳角在间瞄条件下对射表精度的影响。某型坦克炮族在进行间瞄射击最大射角为 18°,因此在分析试验跳角对射表精度的影响时分别用射角 75 mil,150 mil 和 300 mil 较小射角计算。表 8.41、表 8.42 分别为不同火炮配两种杀伤爆破弹采用两种方法的计算结果。

表 8.41　Ⅰ 型杀伤爆破弹间瞄射击计算结果

火炮类别	射角 mil	射距离/m			方向/mil		
		方法 1	方法 2	差值	方法 1	方法 2	差值
A 型	75	6 409.1	6 401.6	7.5	23.7	24.9	1.2
	150	9 465.5	9 450.0	15.6	68.2	71.6	3.4
	300	13 286.8	13 262.7	24.0	186.5	196.0	9.5
B 型	75	6 739.0	6 738.5	0.5	22.5	22.6	0.1
	150	9 863.2	9 862.3	0.9	64.5	64.6	0.1
	300	13 747.7	13 746.3	1.4	175.9	176.3	0.4
C 型	75	6 379.6	6 391.2	11.6	17.6	20.0	2.4
	150	9 411.2	9 432.5	21.4	50.5	57.7	7.2
	300	13 206.2	13 238.1	31.8	138.3	157.9	19.4

表 8.42　Ⅱ型杀伤爆破弹间瞄射击计算结果

火炮类别	射角 mil	射距离/m			方向/mil		
		方法 1	方法 2	差值	方法 1	方法 2	差值
A 型	75	5 847.4	5 843.4	4.0	17.7	19.3	1.6
	150	8 838.2	8 829.1	9.1	52.3	56.9	4.6
	300	12 679.9	12 665.4	14.5	142.9	155.5	12.6
B 型	75	5 898.8	5 894.5	4.3	12.9	12.1	0.7
	150	8 861.4	8 853.1	8.2	37.6	35.4	2.2
	300	12 668.0	12 655.4	12.5	102.9	97.0	6.0
C 型	75	5 708.3	5 711.3	3.0	16.9	18.7	1.8
	150	8 562.0	8 566.7	4.8	48.8	54.0	5.2
	300	12 255.7	12 262.4	6.7	135.1	149.5	14.4

从表 8.41、表 8.42 对比结果可以看出：对于间瞄弹药来说，在符合计算中考虑跳角与不考虑跳角对符合系数有较大影响，跳角越大影响越大，射角越大影响越大。

综上所述，在装甲武器榴弹类射表试验中，无论对于小角度的直瞄还是在较大角度间瞄射击，跳角对射表精度都有较大影响，因此在装甲武器榴弹类弹药的射表试验策划设计中需要设置跳角这个试验项目。

8.5　同族装甲武器射表编拟方法

8.5.1　试验方案

1.坦克炮射表试验方案

装甲武器所配弹药主要为甲弹类和榴弹类两类。

对于装甲武器甲弹类射表试验来说，传统的试验项目主要有跳角试验、立靶试验、药温修正系数试验和弹丸自身阻力系数试验，由上述分析可知，装甲武器甲弹类射表试验符合计算时考虑跳角与不考虑跳角对射表编拟精度几乎无影响,因此装甲武器甲弹类射表试验设计时可以不设置跳角试验项目,具体试验项目见表8.43。

表 8.43　甲弹类射表编拟试验项目及用弹量

试验项目	用弹量/发	累计用弹量/发
立靶试验	2×3×(7+1)	48
药温修正系数试验	2×3×(7+1)	96
弹丸自身阻力系数试验	3×(7+1)	120

而对于装甲武器榴弹类射表试验来说,传统的试验项目在甲弹射表试验项目的基础上还增加有最大射距离试验,考虑到跳角对射距离影响较大,在装甲武器榴弹射表试验中,还应设置跳角试验项目。具体试验项目见表8.44。

表 8.44　榴弹类射表编拟试验项目及用弹量

试验项目	用弹量/发	累计用弹量/发
立靶试验	3×(7+1)	24
射距离试验	3×(7+1)	48
跳角试验	3×(7+1)	72
药温修正系数试验	2×3×(7+1)	120
弹丸自身阻力系数试验	3×(7+1)	144

2.同族装甲武器射表试验方案

对于同族装甲武器配用同一弹药时进行射表编拟试验时,基型火炮的射表试验方案按照上小节执行。

对于非基型装甲武器射表编拟试验,根据同族装甲武器弹丸阻力系数无显著差异,药温修正系数基本一致的结论,考虑到目前射表所载的表定跳角都为0,而作战时射角射向的修正采用火炮的综合修正量进行修正。因此对非基型装甲武器,在已知表定初速条件下,可采用基型火炮射表编拟数据的阻力系数(符合系数)和药温修正系数等射表数据,进行射表编拟计算;若表定初速未知,应先进行表定初速试验。

8.5.2　弹道模型

根据甲弹弹道特性和射表使用条件,通常选用简化的 4D 模型或 3D 模型。

8.5.3　符合计算

由于射角小,射角的微小变化将引起射程的较大变化,同时考虑到甲弹主要对付的是活动目标,要求有准确的飞行时间,因而以飞行时间作为符合对象,又由于甲弹打击目标是立体的,故还应对弹道高度和横偏进行符合计算,以保证足够的命中精度。

符合方法是在实际条件下,计算弹道到给定的靶距上,调整符合系数 F_D 使理论计算的飞行时间与实测的飞行时间相一致;调整 F_L 使理论计算的横偏和实测横偏相一致;调整起始偏角使理论计算出的弹道高和实测弹道高相一致。

8.5.4　射表计算

甲弹类射表的主要内容包括基本表、简明表和弹道高表,各表格式分别见表8.45、表 8.46 和表 8.47。

表 8.45　基本表

基本表

×××弹

××引信

海拔:

弹丸代号:

初速:××米/秒

目标高 2 米时直射距离××米

射距离	表尺		表尺改变一密位距离改变量	落点高低改变量		飞行时间	量大弹道高	修正量						落角	落速	公算偏差		射距离
								方向		距离								
				表尺改变-密位	表尺改变-分划			偏流	横风10米/秒	纵风10米/秒	气压10毫米	气温10℃	药温+10℃	初速1%			高低	方向	
米	分划	密位	米	米	米	秒	米	密位	密位	米	米	米	米	米	米	度	米/秒	米	方向 米	米
...																				

说明:①分海拔 0 米和 4500 米按距离隔 100 米编至所要求的距离(一般按射距离的 2.5 倍归整到整百米数且大于等于有效射距离而定);

②表尺、高低改变量、飞行时间、量大弹道高、横风 10 米/秒、方向修正量、落角、公算偏差取一位小数,其余取整

表 8.46　简明表

海拔/米	0		500		1000		1500		...	6000		海拔(米)
气压/毫米	750		707		666		626			351		气压(毫米)
气温/℃	15		12		9		6			—22		气温(度)
射距离	表尺		表尺		表尺		表尺			表尺		射距离
米	分划	密位	分划	密位	分划	密位	分划	密位		分划	密位	米

表 8.47　弹道高表

弹道高表

海　拔:××米

弹丸代号:××

初　速:××米/秒

距离(米)	100	200	300		×max	距离(米)
100						
200						
...						
×max						

说明:①×max 为所要求的编制的量大距离;
　　　②编海拔 0 米和 4500 米两个海拔,弹道高均取 1 位小数;
　　　③除最后两个距离外,各个距离的弹道高均取到两个负值。

　　基本表:包括基本诸元、修正诸元和散布。

　　简明表:不同海拔高度上的射距离与射角的对应关系。

　　弹道高:表中横行表示弹道上某点距炮口的水平距离,纵行表示射距离。对于每一条弹道,通常表中只给出到炮口水平面下两个点的弹道高。

第9章 电子射表技术

9.1 引　　言

　　射表是为部队作战训练提供起始装定诸元的依据。我国从 20 世纪 50 年代引进苏联射表试验和编拟技术以来,经过了几十年的艰辛探索和发展,目前已经形成了一套完整的理论体系和方法,其精度满足部队要求。装备部队的射表仍沿用 20 世纪 50 年代的做法,即提供纸质射表。部队现使用的"手查式射表"即是以纸质射表为依据,结合侦查、测地装备,利用手工计算工具求出目标的测地诸元,手工计算出相应射击条件修正量从而获得目标的射击诸元。实际射击中涉及的弹道数据、射击偏差修正数据有十几项甚至几十项,每一项都要通过射表查出,最后进行综合修正,这种传统的手工计算方法,对弹道计算人员要求较高。随着战争科技含量的提高,武器装备向信息化、平台化、智能化、体系化方向发展,这种传统的手工计算方法不能满足现代战争的要求。

　　为适应战场的要求,炮兵射击应遵循精确高效、简明适用、全面协调、细实严谨的原则。依据这一原则,目前较为成熟且常用的起始装定诸元计算方法有精密法、成果法和优补法,这些方法各有优缺点和适用性,但它们有一个共同点即是以手工查表法为基础,这在一定程度上影响了计算速度和精度,因此智能化电子射表技术的发展势在必行。

9.2 基本思想

　　火炮在进行射击时,影响弹道的因素很多,其中有火炮、弹药、气象等各方面的因素,而这些因素又是变化着的。传统的射表中不可能对每一种实际射击条件都编制射表,这样做不仅麻烦,而且也做不到。即使做到,也不符合作战对射表的要求。因此在编制射表时,必须规定某种具有代表性的射击条件——标准射击条件。规定了标准射击条件后,当实际射击条件与标准条件不一致时,再对这些偏差造成的影响予以修正。在实际射击中涉及的弹道数据,射击偏差修正数据通常有十几项甚至几十项,每一项都要通过射表查出,最后进行综合修正,这给指挥射击带来了诸多不便。

"电子射表"基于在实际射击条件下求解弹道的思路,克服了上述弊端。"电子射表"是快速、准确求解射击装定诸元和快速进行偏差修正的一种有效的解决方案。"电子射表"的原理是将射表模型与火控模型相匹配,然后将射表模型和编拟射表的基础数据装载到硬件系统中,利用战场或训练时的实际射击条件,直接求解射击装定诸元。这样做的优点是不必再计算标准条件下的弹道,进行偏差量修正,而是直接采用计算机计算实际射击条件下的弹道,迅速准确地得到射击所需要的信息。"电子射表"技术在使得操作步骤更加简单的同时,射击诸元的解算精度也可以得到提高,能够满足现代战争对炮兵快速反应和精确打击的苛刻要求。

9.3 几种起始装定诸元误差分析

射击起始装定诸元是指根据火炮阵地基准位置决定的,对目标开始射击时连(排)统一的标尺、高低、方向以及引信分划(用时间引信射击时)。各炮瞄准用的表尺、高低、方向(瞄准点分划)以及引信分划,称为射击装定诸元。射击装定诸元的准确度直接影响着射击精度和射击效果。决定射击起始诸元的方法分为根据测定的射击条件决定诸元和利用射击成果决定诸元两类,前者含精密法和简易法;后者含成果法和优补法。精密法是决定效力射起始诸元的基本方法,简易法涵盖的范围较广,通常在决定试射起始诸元时使用。这里仅对精密法、成果法和优补法进行简要分析。

9.3.1 精密法装定诸元误差

精密法决定射击起始诸元,其精度较高,能保证炮兵火力的隐蔽性和突然性,是现代战争中大规模使用炮兵时,决定射击起始诸元的最理想的方法。当射击准备时间充裕且具备条件时,应尽量使用精密法决定射击起始诸元。

1.基本思想和一般步骤

从决定射击起始诸元的原理上来讲,一旦决定出某一目标的测地诸元,就应该迅速地利用射表获取该目标的射击条件修正量,从而求得目标的射击起始诸元。然而,战场上要决定诸元的目标很多,如果一个目标决定一次射击条件修正量,显然不符合战术情况的允许。为此,可以设想:在整个炮兵射击区域内,按一定的规则在不同的位置上选择几个点,事先求出这些特殊点的射击条件修正量,通过这些点的射击条件修正量来反映整个炮兵射击区域内射击条件的变化规律,并用一个图(射击条件修正量图解表)加以描述,这样,一旦某个目标出现,就可以依据该目标在射击区域中的位置,在图上直接图解出相应的射击条件修正量,而不必再去用射表计算该目标的射击条件修正量,从而就能快速地求出各个目标的射击起始诸元。由此归纳出手工精密法决定射击起始诸元的作业步骤。

(1)确定计算方向、计算距离及装药号;

(2)确定射击条件偏差量;

(3)计算和传达射击条件修正量;

(4)调制修正量图解表;

(5)决定目标射击起始诸元。

2. 装定诸元误差

依据精密法的方法和步骤,其装定诸元误差可表述为

射击起始装定诸元=目标测地诸元+目标射击条件修正量+火炮单独修正量

以射距离为例有:

$$X^k_M = D_M + \Delta D_M + \Delta D_P + \Delta H_{PM} \cot\theta_C$$

式中,X^k_M 为装定开始射角所相应的开始射程;D_M 为测地距离;ΔD_M 为测地诸元准备误差;ΔD_P 为目标的射击条件修正量误差;ΔH_{PM} 为高程误差;θ_C 为高角。

(1)测地准备误差。测地准备误差包括决定阵地、观察所坐标及高程、赋予火炮及观察器材基准射向的误差。

通常阵地高程在地图上查取。产生误差的主要原因有:地图等高线的误差;在图上的定点误差(含坐标误差及作业误差);判读误差等,一般说后两项误差是主要的。在中等起伏地形上,用1:50 000地图查取高程的中间误差为2～5m。当在较大起伏地形上用测量法决定高程时,其误差源有:决定起始点高程的误差、器材误差、测高低角误差和测距误差,此时,高程误差的中间误差,由上述误差源确定。

火炮定向误差是由于起始方向误差和赋予射向的操作误差,将使火炮定向产生误差。用各种定向方法赋予火炮(观察器材)基准射向的中间误差。定向误差虽然不影响火炮的射击开始装定诸元,但影响火炮瞄准后的射击方向。

(2)决定目标位置的误差。决定目标位置误差包括决定目标坐标及高程误差,决定观察所位置及赋予器材基准射向的误差。

(3)弹道准备误差。弹道准备误差包括决定火炮初速偏差量误差,决定装药批号初速偏差量误差,决定药温偏差量误差,这些误差将使距离修正量产生误差,从而引起距离诸元误差。除此之外,其他弹道特性的误差也将引起距离诸元

误差。

其中,决定装药批号初速偏差量误差可分为两种情况,一是装药出厂时,工厂已将初速与表定初速的相对偏差量标记在弹药箱上,实际使用时直接用以决定相应的射击条件修正量。但由于工厂试验时不可避免地要产生误差,并随着弹药保管时间的增长,发射药性能将发生变化,从而使初速发生变化。因此,不论何时,若直接地将弹药箱上的装药批号初速偏差量不加修正地使用,都会引起诸元误差。二是当对装药批号初速偏差量进行测速或射验时,对于出厂年限较久的装药号,应利用测速仪或射验的方法决定火炮和装药批号的综合初速,显然,不论是测速还是通过射验,所测得的综合初速都存在误差。

另外需要注意的是,弹道特性误差还包括对目标射击时所使用的弹丸批号与编制射表时所使用的弹丸批号不一致所引起的误差,以及修正引信冲帽、弹丸涂漆、使用消烟剂等所引起的误差。

(4)技术准备误差。其为技术准备时不可避免地会产生一定的误差。

(5)气象准备误差。气象准备误差包括决定气压偏差量、弹道温偏、弹道风的误差,这些误差将引起修正量产生误差,从而导致诸元产生误差。产生气象误差的原因有:

1)探测和计算的误差。在探测气象条件时,由于仪器精度及随机因素,使测得的气压、气温偏差量及弹道风存在误差;当将所探测的数据编制成气象通报时,由于公式不精确及归整等又会产生计算误差。

2)时间不同所引起的误差。当射击时间与探测时间不一致时,气象条件将发生变化,此时若仍用该气象通报将产生误差。

3)地点不同所引起的误差。

(6)射表误差。由于编制射表时所进行的试验射击及理论计算均会产生误差,所以使用射表查取表定修正量、射角及其他表定诸元时,也会产生误差,从而使散布中心偏离预定位置。

(7)换算误差。精密法决定诸元时,在修正量图解表上查取目标修正量的实质是假定在两个计算距离之间的射击条件距离修正量随射距离成线性变化。但实际修正量的变化规律与上述假定不完全吻合,因而产生了换算误差。

3. 诸元误差的精度分析

(1)在距离上,弹道准备误差对诸元精度的影响最大,是主要误差源;射表误差、决定目标位置及气象准备误差是次要误差源,其中的误差随射距离的增大而增大;技术准备、测地准备及换算误差影响较少,但换算误差的中间误差将随目标与计算方向的夹角的增大而增大。

(2)在方向上,测地准备误差是主要误差源,这是因为采用简易连测所致,若采用精密连测,则其影响将随之下降;决定目标位置的误差也是主要的误差源,若采用更精确的方法决定目标位置,其影响也将下降;其他各项误差均为次要误差源,但换算误差也将随目标与计算方向夹角的增大而增大。

4. 提高诸元精度的一般措施

一般地说,提高诸元精度就是要缩小各项射击准备的误差。但是必须首先从误差比例最大的误差源入手。在中等条件下,距离误差比例最大的是决定火炮和装药批号初速偏差量的误差。决定目标坐标的误差比例也是比较大的,这项误差在较大幅度内变化,完全取决于决定目标坐标的方法。气象准备主要是决定弹道风的误差比例比较大,随着射距离的增大,这项误差比例就会急剧增大。在方向上赋予火炮基准射向的误差比例也比较大,但这项误差取决于赋予基准射向的方法,也在较大幅度内变化。在很近距离上用大号装药射击时,落角很小,弹道高变量很大,则决定阵地和目标高程的误差以及技术准备的误差,也可能成为误差比例很大的误差。此外,射表误差的比例也不小。

根据以上分析,为了有效地提高决定诸元的精度,应采取如下措施:

(1)尽可能精确地决定火炮和装药批号的初速偏差量。由于利用测量药室长度决定火炮初速偏差量方法精度较差,同时,装药批号的初速偏差量又往往难以获得较精确的资料,因此弹道准备的误差往往成为精密法所决定的射击开始装定诸元误差的最主要因素。

目前,测量火炮初速减退量已有了一些新的技术成果,炮口测速仪也越来越多地装备了部队,因此首先要注重采用新技术、新方法,缩小弹道准备的误差。对获取的数据要认真记录、保存,填写好火炮履历书,并充分、准确地加以利用。没有新装备的部队,平时要利用实弹射击的机会,通过射验方法决定营基准炮和非基本装药批号的综合初速偏差量,并用验差射求出非基本装药批号对基本装药批号的相对初速偏差量以及营内各炮对基准炮的相对初速偏差量。修正这一相对初速偏差量可以显著提高射击开始装定诸元距离上的精度。

(2)精确决定目标位置。决定目标位置的误差幅度较大,特别在射击开始装定诸元的方向误差中往往占有很大比例。应根据情况综合利用各种侦察手段,或者选用精度最好的方法决定目标位置,如激光测距机、雷达捕捉等。若能采用多种方法决定目标位置则最好取其加权平均值。当用交会观察决定目标位置时,应尽量使交会角较大,精确决定基线长并使两观基准射向确实平行。

(3)提高气象准备的精度。气象准备的误差在远距离上占相当大的比例。采用气象雷达能缩小探测的误差,但是影响气象准备误差较大的是气象条件随时间和距离变化的误差。为了缩小气象条件随时间变化的误差,最好是缩短发布气象通报的时间间隔,这在采用气球探空的条件下受到一定限制,但根据对重要目标的射击时刻(如炮火准备等)调整探测和播送气象通报的时间是可能的。为了缩小气象条件随距离变化的误差,最好是加密气象站,这当然也有一定困难,但是恰当地配置气象站位置是应该值得注意的。气象条件随距离的变化取决于气象探测地点与弹道平均位置(一般可认为在弹道最高点附近)的距离,所以配置气象站位置应在阵地配置区域的稍前方,同时应注意风向,尽可能使气球向最高点位置接近。

(4)提高测地准备的精度。在近距离上测地准备的误差在射击开始装定诸元误差中也占有较大比例,特别是方向误差。当目标由观察所决定时,观察所坐标误差往往在决定目标坐标的方向误差中占有很大的比例。因此,应尽可能采用精密连测的方法决定观察所和炮阵地坐标,并采用角导线或天体法赋予基准射向,这是提高射击开始装定诸元方向精度的重要措施。

(5)认真进行技术准备和掌握火炮特性偏差。当射距离很近时,技术准备误差在射击起始装定诸元误差中所占的比例将急剧增大而上升为最大。因而不能忽视这项误差源。应严格按操作教程规定认真进行技术准备。炮兵指挥员在平时应利用实弹射击机会了解本分队火炮有无某种特性偏差(如有较大定起角和方向跳角、火炮初速偏差与炮膛数据关系不符合标准等),如果发现有特性偏差应进行修正并填入火炮履历书。

(6)用计算机解实际弹道方程决定起始诸元。用计算机解实际弹道方程决定起始诸元,可以排除换算弹道温偏和弹道风的误差、计算修正量的非线性误差、利用修正量图解表的误差,以及由于阵地高程与射表高程相差较大或炮目高差较大时表定修正量不精确所引起的误差,还可以缩小一些射表误差,从而在一定程度上提高起始诸元的精度。

(7)充分利用射击成果,采用优化的补加修正量。这是在目前条件下提高起始诸元精度的有效方法。若在敌我长期对峙的条件下,还可能发现起始诸元的一些系统误差,可以采用经验修正量的方法来提高起始诸元的精度。

9.3.2 成果法装定诸元误差

1.基本思想和一般步骤

成果法是在较精确测地诸元的基础上,利用对试射点试射的成果或对目标射击的可靠成果求出试射后修正量,以决定射击起始诸元的方法。成果法决定射击起始诸元的作业步骤如下。

(1)获取并整理射击成果;

(2)报告或传达试射后修正量;

（3）调制修正量图解表或计算射击系数；

（4）决定目标射击起始诸元。

2. 装定诸元误差

成果法与精密法有如下不同：

（1）由于成果法不是根据测定的气象条件计算射击条件修正量，所以不存在探测气象条件的误差（包含某些弹道条件误差）；

（2）由于成果法的射击条件修正量是通过试射求得的，所以包含有试射误差；

（3）由于成果法需要将试射炮对试射点的试射后修正量换算为射击炮对目标的射击条件修正量，试射炮的各项误差将转移到目标的射击起始装定诸元中，所以需要从试射炮和射击炮两个方面进行误差分析。

以射距离为例则有：

$$X_M^k = D_M + \Delta D_M + (H_M - H_{P2})\cot\theta_C^M + \Delta D_{P2}$$
$$= D_M + n\Delta D_R^C + \Delta H_{PM}\cot\theta_C^M + \Delta D_{P2}$$

式中，H_M，H_{P2} 为目标高程及射击炮阵地高程；θ_C^M 为目标的开始射程所相应的落角；ΔD_{P2} 为射击炮阵地距离单独修正量，含技术准备和火炮初速偏差量等所相应的修正量；n 为转移系数，$n = D_M/D_B$；ΔD_R^C 为试射炮的试射后距离修正量。

（1）测地准备误差。成果法决定诸元中阵地坐标误差所引起的诸元误差由两部分组成：一部分是射击炮本身的阵地坐标误差所引起的诸元误差，另一部分是试射炮的阵地坐标误差所引起的诸元误差。

（2）决定试射点和目标坐标误差。

（3）弹道准备误差。弹道准备误差包括决定火炮初速偏差量误差、弹道特性误差、装药批号初速偏差量误差、弹道准备误差所引起的距离诸元误差，这些误差将使距离修正量产生误差，从而引起距离诸元误差。

应当指出，当试射炮与射击炮射击时的弹道特性相同时，其诸元误差通过试射已经排除，对诸元精度没有影响。另外，成果法决定诸元时，若射击炮与试射炮使用不同的装药批号，则通常需要将试射后距离修正量进行换算，然后根据换算后的试射后距离修正量决定目标诸元。

（4）气象准备误差。成果法通常在炮兵营范围内组织实施，在同一时刻，射击炮和试射炮所处的气象条件差别甚小，由此所引起的诸元误差可忽略不计。但是，当时间不一致时，气象条件将会发生一定的变化，而在规定的使用时间内又不修正，那么必将引起误差。

（5）技术准备误差。

（6）射表误差。成果法整理成果时，根据成果高角查取成果距离，若射表有误差，相应的成果距离可引起试射后的距离误差。注意到，由于成果法决定诸元时，一般仅利用射表决定偏流差修正量，因此射表误差所引起的诸元误差较小，可不予考虑。

（7）换算误差。成果法决定诸元的换算误差包含初速偏差、药温偏差、气压偏差、气温偏差及弹道风的换算偏差。

（8）试射诸元误差。由于存在试射诸元误差，使散布中心位于试射诸元误差，误差将使试射炮的试射成果射角、成果方向产生误差，从而引起试射后修正量产生误差。

3. 诸元误差精度分析

（1）在距离上，弹道准备误差是主要的误差源，其中主要是决定火炮初速减退量的误差，其次是修正装药相对初速偏差量的误换算误差随距离差及转移角的增大而迅速增大；其他各项误差影响较小。

（2）在方向上，测地准备及技术准备误差是主要的误差源，其中测地准备误差主要是由于简易连测的误差较大所致，若进行精密连测，其影响将随之下降；其次是决定目标、试射点位置误差及气象条件变化所产生的误差，其中决定目标位置误差也是由于连测观察所位置的误差较大所致，若精密连测，其影响将下降；换算误差亦随着距离差及转移角的增大而迅速增大。

4. 提高精度的措施

通常可采取如下措施来提高成果法决定诸元的精度：尽量实施精密连测，当条件不允许时，也应统一组织实施简易连测，以增大共同误差所占的比例；选用药室增长量最小的火炮作为试射炮，平时应对全营火炮组织验差射，以减小修正火炮初速偏差量的误差；尽量使用同一批号装药，若需要使用数个装药批号时，尽量组织验差射；尽可能使用相同的方法、器材决定目标及试射点的位置，增大共同误差所占的比例；尽量缩短对试射点试射及对目标射击的间隔时间，尽量减小目标与试射点的距离差及方向差。

总之，增大共同误差在综合误差中所占的比例，是提高成果法精度的重要措施。

9.3.3 优补法装定诸元误差

1. 基本思想

对目标或试射点用计算法决定的射击起始诸元与射击成果诸元之差，即为补加修正量。在一定条件下，合理使用补加修正量，有利于提高射击起始诸元的精度。

　　以精密法决定诸元为例。由于精密法所决定的试射点开始诸元含有误差 δR，所以试射开始时，其散布中心通过 C_1（见图 9.1），通过试射修正，到结束试射时，由于存在试射诸元误差 δSS，故此时散布中心通过 C_2。显然，试射中所修正的修正量，就是 δb。从图 9.1 可以看出：

$$\delta b = \delta SS - \delta R$$

　　由此可见，对试射点试射后所求得的补加修正量，是由试射诸元误差和精密法决定试射起始诸元的误差组成的。

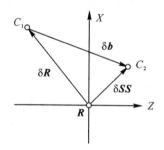

图 9.1　试射点补加修正量组成示意图

2. 对目标射击时的诸元误差

　　射击炮亦用精密法决定目标的射击起始诸元，显然含有诸元误差 δM，使散布中心通过 C_1，如图 9.2 所示，当使用补加修正量并乘以一个待定的换算系数 C，散布中心将通过 C_2，此时，δMb 即为射击炮使用补加修正量后产生的诸元误差，即：

$$\delta Mb = \delta M + C\delta b = \delta M + C\delta SS - C\delta R$$

　　射击炮使用补加修正量后，射击起始诸元的精度是试射诸元误差、决定目标和试射点起始诸元误差及其相关系数的函数，决定目标及试射点起始诸元误差的相关系数越大，诸元精度越高。

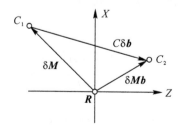

图 9.2　射击炮使用补加修正量示意图

3. 换算系数 C 对诸元精度的影响

当射击条件确定时（此时决定诸元方法就一定），试射中间误差、决定目标或试射点起始诸元的中间误差及其相关系数均为定值，此时影响诸元精度的因素是换算系数 C。

为研究换算系数 C 对诸元精度的影响，下面以某型加榴炮为例，精密法决定诸元，各项射击准备力求精确一致，试射距离 12 km，目标距离 10 km，12 km，14 km，换算系数 C 取 0.1～1.0，其对诸元精度的影响如图 9.3 及图 9.4 所示。可以看出：换算系数 C 的变化将引起诸元精度的变化，而且比较显著；当换算系数取某一数值时，将使诸元中间误差达到最小值，称之为最优换算系数。

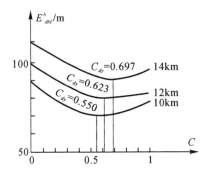

图 9.3　换算系统 C 对距离诸元精度的影响　　图 9.4　换算系数 C 对方向诸元精度的影响

优化换算系数是试射诸元误差、计算法决定目标和试射点诸元误差及其相关系数的函数。显然，相关系数越大，优化系数也越大；试射误差越大，优化系数越小；距离优化系数随射距离的增大而增大，方向优化系数随射距离的变化甚小。

通常，不同误差源的共同误差及单独误差相互独立，且各项数学期望为零；同一误差源的共同误差和单独误差相互独立，且各项数学期望为零；同一误差源的试射炮的单独误差和射击炮的单独误差相互独立，且各项数学期望为零。这些结论有助于优化系数的实际计算。式（9.1）给出了优化系数的解析算法。

$$
\left.
\begin{aligned}
C_{dy} &= \frac{\sum\limits_{i=1}^{n} E_{\mathrm{digM}} E_{\mathrm{digR}}}{R_{\mathrm{d}}^2 E_{\mathrm{dR}}^2} \\[2em]
C_{fy} &= \frac{\sum\limits_{i=1}^{n} E_{\mathrm{figM}} E_{\mathrm{figR}}}{R_{\mathrm{f}}^2 E_{\mathrm{fR}}^2}
\end{aligned}
\right\}
\tag{9.1}
$$

4.优化系数的实际应用

用式(9.1)直接求当时条件下的优化系数,即使在计算机条件下,也需要输入大量基础数据,并需进行大量计算,占用许多内存,耗费较多的时间,因而是很困难的。

另一种办法,就是事先根据技术装备及战时可能出现的情况,拟定若干种情况,用计算机进行大量的计算,找出优化系数与各项射击条件的关系及变化规律,并据此作出若干使用规定。这样做虽然精度稍差些,但仍能达到提高诸元精度的目的,而且简化了使用方法。

9.4　电子射表特征

以上对精密法、成果法、优补法装定诸元误差进行了理论分析,为射表编制和炮兵射击诸元装定提供了理论依据,对电子射表研制具有重要指导意义,那么"电子射表"与传统射表相比具有那些特点呢,主要体现在以下几个方面。

1.操作方便,计算速度快

一方面,"电子射表"与传统射表相比,因为采用的原理是在真实的射击条件下解算实际条件下的弹道,求取射击诸元。部队在训练或作战时,可以不涉及非标准条件下修正量的查取和修正,而直接计算射击装定诸元。因此对部队使用来说,可简化计算和操作程序,提高射击准备的速度。另一方面,因为采用低功耗的嵌入式微处理器,便携性可以得到良好的体现。与传统射表相比,更方便部队携带和使用。

2.包含的信息量大

在同一部"电子射表"中,可以存储多部射表,甚至可以存储一个作战单位装备的全部武器的射表,这种做法在"电子射表"中实现较之传统射表有更大的优势。而且,"电子射表"中所采用的模型算法、低功耗设计和软件优化等技术也可以为其他火控计算机的设计提供有益的借鉴。

3.可提高解算精度

在提高射击准备效率,加快反应时间的同时,"电子射表"还可以提高计算的精度。在电子射表中,因为采用直接解算弹道模型的方法,因此完全可以采用实际的气象数据,这种做法可以提高求取射击诸元的精度,插值误差也得以消除。

4. 符合国际上的流行做法

在国内外的很多文章和著作中,都认为射击学和射表工作的最终理想,是实现在战场上直接对弹道进行分析和仿真计算,快速准确地打击敌人。因此采用这样的解决思路也符合国际上的流行做法。

5. 促进炮兵的信息化建设

实现精确、快速的打击敌方目标,是炮兵部队现代化建设的一项重要内容。利用电子射表改变现有的炮兵使用射表的方式,提高炮兵的反应时间和打击精度,符合炮兵部队信息化建设的精神,一定会有力的促进炮兵的信息化建设。

9.5 主要功能及技术指标

1. 主要功能

(1)对射击条件的存储功能。为了提高炮兵部队的反应速度,在样机中设置了射击准备的存储功能。对可以预见的射击条件可以提前存储在样机中,并且存储的信息在关机后仍可保存。这样在射击时可以直接调用,快速确定射击装定诸元。

(2)射击诸元计算功能。此项功能可以根据预先存储的射击准备信息,随时计算射击装定诸元。对阵地上出现的突发情况产生的信息,可以随时更改存储的数据,实施计算设计所需要的信息。

(3)修正量计算功能。在炮兵射击的过程中,因为弹道模型计算的是战场实际条件下的真实弹道,因此可以不必考虑修正量的计算和修正问题。但在一些外弹道研究工作中,还需要研究某一项或某几项修正量对弹道的影响。在样机中,我们专门在软件中设置了这样一个模块,计算射表中涉及的全部修正量,以备查用。

(4)计算器功能。在样机中,可以实现加、减、乘、除、平方、开方等一些炮兵常用的计算功能,在野战条件下可以进行一些简单的几何和坐标运算。

(5)与上位机的通信功能。"电子射表"样机中设计了与上位机的有线和无线两种通信方式,可以将操作信息和计算结果传输给上位机,供指挥员检查或存档保存。

(6)在线调试功能。具有 JTAG 调试接口,该接口支持在线调试功能和FLASH 在线烧写功能。出于安全考虑,该接口设计在壳体中,供软件升级和调试使用。

2.主要技术指标

(1)弹道解算程序全速运行,液晶显示;

(2)完成一次射击装订诸元的计算时间小于 3 s;

(3)电池持续使用时间大于 7 h;

(4)工作环境温度 0~40℃。

9.6　硬件系统组成

电子射表由软件和硬件两大部分组成,其样机采用类似计算器的结构设计,采用多行多字符液晶显示,界面友好、结构轻巧、使用方便,能快速根据阵地参数分析得出射击装定诸元。软件部分应用弹道解算模型,最大程度地考虑了影响弹道的各方面因素,以提高当前火炮射击的精确程度。图 9.5 为系统组成基本原理图,可系统实现弹道参数计算的自动化;算法所需大量参数可以通过人机交互手动输入,也可以通过通信接口由上位机传入;分析得到的电子射表保存在样机的非易失存储器中,通过通信接口回传到主机用软件显示和分析。图 9.6 为输入/输出的基本结构。

图 9.5　系统的结构组成

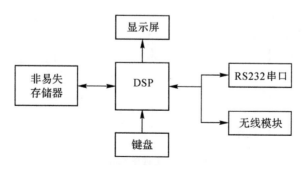

图 9.6　样机的输入输出基本结构

9.7 软件系统组成

电子射表软件系统的设计工作包括软件结构设计、软件编制、软件调试与测试等。软件设计采用模块化、自顶向下逐步求精的设计方法,通过划分模块提高设计与调试的效率。同时要求软件系统具有较强的实时处理能力,能实时完成各种任务。图 9.7 为电子射表软件系统主程序流程图。

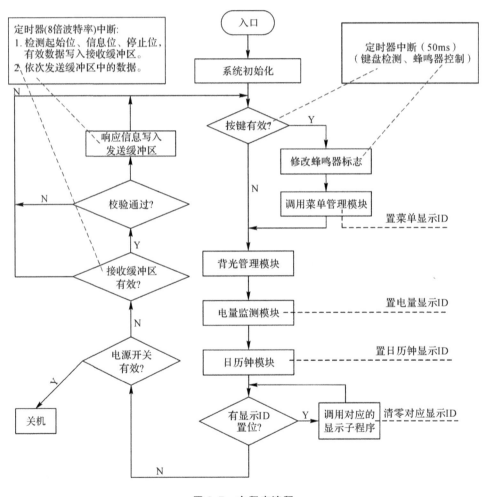

图 9.7 主程序流程

9.8 系统软件

软件的主要功能一是弹道解算,二是基本计算器功能。

软件的基础是硬件平台资源,主要包括:

(1)输入设备:键盘。

(2)输出设备:液晶显示器。

(3)参数传入设备:UART(硬件接口为 RS232)。

(4)事件管理能力:一个 UART 定时器中断(检测 RS232 上的位:起始、信息、停止);一个事件定时器中断,主要完成事件的延时(如蜂鸣器声音的间歇期控制、按键长短属性鉴别),事件分辨率 50 ms。

(5)DSP 核运算资源:主要是进行浮点运算、弹道解算和作为计算器使用。

(6)电量监测:TLV0831。

(7)实时日历:PCF8583。

(8)键盘管理:ZLG7289。

(9)掉电保护:AT EPROM 25256。

(10)背光、电源接管、Power 键检测、无线收发控制:GPIO,即通过 GPIO 的输出电瓶来实现控制、GPIO 的输入完成外部开关量的检测。

具体编制采用第 2 章阐述的弹道模型,用 C 语言进行编制。

电子射表使用的弹道模型与现行弹道模型相同,主要有:质点弹道模型(简称 3D)、刚体弹道模型(简称 6D)、简化的刚体弹道模型(简称 5D)、改进的质点弹道模型(简称 4D)。可根据武器类型装配不同弹道模型。

9.9 结 束 语

电子射表是将射表模型、模型中的参数、射击条件等有关信息装入微处理器中,应用软件系统,自动、快速、准确求解射击装定诸元的装置。它克服了纸质射表携带、使用不方便,查阅速度慢,射击起始诸元计算误差大等缺点,实现了直接对弹道进行解算和射击起始装定诸元的解算,极大地提高了射表编拟及射表使用效率,实现了射表技术的信息化、智能化,提高了射击精度,是未来射表技术发展的必然趋势。

附录 逆卡方 χ^{-2} 分布分位数表

v	α					
	0.005	0.01	0.025	0.05	0.10	0.25
5	2.429	1.804	1.203	0.873	0.621	0.374
6	1.480	1.147	0.808	0.612	0.454	0.289
7	1.011	0.807	0.592	0.461	0.353	0.235
8	0.744	0.608	0.459	0.366	0.287	0.197
9	0.576	0.479	0.370	0.301	0.240	0.170
10	0.464	0.391	0.308	0.254	0.206	0.148
11	0.384	0.328	0.262	0.219	0.179	0.132
12	0.325	0.280	0.227	0.191	0.159	0.119
13	0.281	0.243	0.200	0.170	0.142	0.108
14	0.245	0.215	0.178	0.152	0.128	0.098
15	0.277	0.191	0.160	0.138	0.117	0.091
16	0.194	0.172	0.145	0.126	0.107	0.084
17	0.176	0.156	0.132	0.115	0.099	0.078
18	0.160	0.143	0.121	0.106	0.092	0.073
19	0.146	0.131	0.112	0.099	0.086	0.069
20	0.135	0.121	0.104	0.092	0.080	0.065
21	0.124	0.112	0.097	0.086	0.076	0.061
22	0.116	0.105	0.091	0.081	0.071	0.058
23	0.108	0.098	0.086	0.076	0.067	0.055
24	0.101	0.092	0.081	0.072	0.064	0.052
25	0.095	0.087	0.076	0.068	0.061	0.050

续 表

v	α					
	0.005	0.01	0.025	0.05	0.1	0.25
26	0.090	0.082	0.072	0.065	0.058	0.048
27	0.085	0.078	0.069	0.062	0.055	0.046
28	0.080	0.074	0.065	0.059	0.052	0.044
29	0.076	0.070	0.062	0.056	0.051	0.042
30	0.073	0.067	0.060	0.054	0.049	0.041
31	0.069	0.064	0.057	0.052	0.047	0.039
32	0.066	0.061	0.055	0.050	0.045	0.038
33	0.063	0.059	0.052	0.048	0.043	0.037
34	0.061	0.056	0.050	0.046	0.041	0.036
35	0.058	0.054	0.049	0.045	0.040	0.039
36	0.056	0.052	0.047	0.043	0.039	0.033
37	0.054	0.050	0.045	0.042	0.038	0.032
38	0.052	0.048	0.044	0.040	0.037	0.031
39	0.050	0.047	0.042	0.039	0.035	0.031
40	0.048	0.045	0.041	0.038	0.034	0.030
50	0.036	0.034	0.031	0.029	0.027	0.023
60	0.028	0.027	0.025	0.023	0.022	0.019
70	0.023	0.022	0.021	0.019	0.018	0.016
80	0.020	0.019	0.017	0.017	0.016	0.014
90	0.017	0.016	0.015	0.014	0.014	0.012
100	0.015	0.014	0.013	0.013	0.012	0.011

续 表

v	α						
	0.500	0.750	0.900	0.950	0.975	0.990	0.995
5	0.230	0.151	0.108	0.090	0.078	0.066	0.060
6	0.187	0.128	0.094	0.079	0.069	0.059	0.054
7	0.158	0.111	0.083	0.071	0.062	0.054	0.049
8	0.136	0.098	0.075	0.064	0.057	0.050	0.046
9	0.120	0.088	0.068	0.059	0.053	0.046	0.042
10	0.107	0.080	0.063	0.055	0.049	0.043	0.040
11	0.097	0.073	0.058	0.051	0.046	0.040	0.037
12	0.088	0.067	0.054	0.048	0.043	0.038	0.035
13	0.081	0.063	0.050	0.045	0.040	0.036	0.034
14	0.075	0.058	0.047	0.042	0.038	0.034	0.032
15	0.070	0.055	0.045	0.040	0.036	0.033	0.030
16	0.065	0.052	0.042	0.038	0.035	0.031	0.029
17	0.061	0.049	0.040	0.036	0.033	0.030	0.028
18	0.058	0.046	0.038	0.035	0.032	0.029	0.027
19	0.055	0.044	0.037	0.033	0.030	0.028	0.026
20	0.052	0.042	0.035	0.032	0.029	0.027	0.025
21	0.049	0.040	0.034	0.031	0.028	0.026	0.024
22	0.047	0.038	0.032	0.029	0.027	0.025	0.023
23	0.045	0.037	0.031	0.028	0.026	0.024	0.023
24	0.043	0.035	0.030	0.027	0.025	0.023	0.022
25	0.041	0.034	0.029	0.027	0.025	0.023	0.021

续 表

v	α						
	0.500	0.750	0.900	0.950	0.975	0.990	0.995
26	0.039	0.033	0.028	0.026	0.024	0.022	0.021
27	0.038	0.032	0.027	0.025	0.023	0.021	0.020
28	0.037	0.031	0.026	0.024	0.022	0.021	0.020
29	0.035	0.030	0.026	0.023	0.022	0.020	0.019
30	0.034	0.029	0.025	0.023	0.021	0.020	0.019
31	0.033	0.028	0.024	0.022	0.021	0.019	0.018
32	0.032	0.027	0.023	0.022	0.020	0.019	0.018
33	0.031	0.026	0.023	0.021	0.020	0.018	0.017
34	0.030	0.026	0.022	0.021	0.019	0.018	0.017
35	0.029	0.025	0.022	0.020	0.019	0.017	0.017
36	0.028	0.024	0.021	0.020	0.018	0.017	0.016
37	0.028	0.024	0.021	0.019	0.018	0.017	0.016
38	0.027	0.023	0.020	0.019	0.018	0.016	0.016
39	0.026	0.022	0.020	0.018	0.017	0.016	0.015
40	0.026	0.022	0.019	0.018	0.017	0.016	0.015
50	0.020	0.018	0.016	0.015	0.014	0.013	0.013
60	0.017	0.015	0.013	0.013	0.012	0.011	0.011
70	0.014	0.013	0.012	0.011	0.011	0.010	0.010
80	0.013	0.011	0.010	0.010	0.009	0.009	0.009
90	0.011	0.010	0.009	0.009	0.008	0.008	0.008
100	0.010	0.009	0.008	0.008	0.008	0.007	0.007

参 考 文 献

[1]茆诗松. 贝叶斯统计. 北京:中国统计出版社,1999.

[2]张尧庭,陈汉峰. 贝叶斯统计推断. 北京:科学出版社,1994.

[3]纳特雷拉. 试验统计学. 毛镇道,蒋子钢,译. 上海:上海翻译出版公司,1990.

[4]潘承泮,韩之峻,章渭基,等. 武器弹药试验和检验的公算与统计. 北京:国防工业出版社,1980.

[5]费史. 概率论与数理统计. 王保福,译. 上海:上海科技出版社,1980.

[6]姚平之,韩之俊. 概率与统计. 南京:华东工学院出版社,1983.

[7]何国伟. 误差分析方法. 北京:国防工业出版社,1978.

[8]吴喜之. 现代贝叶斯统计学. 北京:中国统计出版社,2000.

[9]闫章更,祁载康. 射表技术. 北京:国防工业出版社,2000.

[10]野战火箭炮射表射击与编拟守则. 总后勤部军械部,译. 北京:总后勤部军械部,1956.

[11]中国华阴兵器试验中心,北京理工大学,洛阳跟踪与通信技术研究所. 实弹自由飞纸靶试验技术研究. 渭南:华阴兵器试验中心,1993.

[12]中国华阴兵器试验中心. 应用 4D 模型的地面炮榴弹射表编拟方法研究. 渭南:华阴兵器试验中心,1994.

[13]闫章更,魏振军. 试验数据的统计分析. 北京:国防工业出版社,2001.

[14]闫章更,濮晓龙. 现代军事抽样检验方法及应用. 北京:国防工业出版社,2008.

[15]中国华阴兵器试验中心. 兵器试验理论研究与实践. 北京:国防工业出版社,2013.

[16]郭锡福,赵子华. 火控弹道模型理论及应用. 北京:国防工业出版社,1997.

[17]中国白城兵器试验中心. 常规兵器试验法:地面炮榴弹、甲弹、高炮射表编拟法. 白城:白城兵器试验中心,1979.

[18]闫章更. 关于射表精度问题. 兵器试验,1981.

[19]郭锡福. 北约榴弹射表编制法分析. 兵器试验,1989.

[20]许梅生,黄先义. 现代炮兵射击学:射击指挥操作分册. 北京:军事科学出版社,1999.

[21]邹彦. DSP 原理及应用. 北京:电子工业出版社,2005.

[22]彭启综,李玉柏,管庆. DSP 技术的发展与应用. 北京:高等教育出版社,2003.

[23]苏涛,蔡建龙,何学辉. DSP 接口电路设计与编程. 西安:西安电子科技大学出版社,2003.

[24]郑津生. 炮兵射击理论研究与应用. 北京:解放军出版社,1995.

[25]唐克,邢立新,赵太平. 现代炮兵射击学:炮兵射击理论分册. 北京:军事科学出版社,2004.

[26]许梅生,张继春. 外弹道学. 北京:军事科学出版社,2003.

[27]韩子鹏. 气象外弹道学. 北京:兵器工业出版社,1991.

[28]邢立新,高善清. 现代炮兵射击学:射击指挥理论分册. 北京:军事科学出版社,1999.

[29]邱超凡,梅杰,张罗政. 现代炮兵射击学:指挥技能训练与考核分册. 北京:军事科学出版社,1999.

[30]周建平,曲玉琨,缪家贵. 地面压制火炮概论. 北京:军事科学出版社,1999.

[31]张庆捷,董树军. 炮兵行拦阻射击间接毁伤效能分析. 北京:解放军军事科学院,1999.

[32]范风强,兰婵丽. 单片机语言 C51 应用实战集锦. 北京:电子工业出版社,2002.

[33]刘复华. MCS 296 单片机及其应用系统设计. 北京:清华大学出版社,2004.

[34]清源科技. TMS320C54x DSP 硬件开发教程. 北京:机械工业出版社,2003.

[35]张平,宋书明,臧宏海. GJB4501—2002《小口径高(海)炮射表编拟方法》. 北京:总装备部军标出版发行部,2002.

[36]常规兵器定型试验法:高海炮射表编拟法. 白城:中国白城兵器试验中心,1978.

[37]闵杰,郭锡福. 实用外弹道学. 南京:兵器工业部教材编审室,1986.

[38]峁诗松,周纪芗. 概率论与数理统计. 北京:中国统计出版社,2011.

[39]王志军,陈国光. 火箭弹起始扰动的仿真与试验研究. 太原:华北工学院,2001.

[40]徐明友. 火箭弹外弹道学. 哈尔滨:哈尔滨工业大学出版社,2004.

[41]王华,徐军,张芸香. 基于 MATLAB 的弹道蒙特卡罗仿真研究. 弹箭与制导学报,2005.

［42］王儒策，赵国志. 弹丸终点效应. 北京：北京理工大学出版社，1993.

［43］隋树元，王树山. 终点效应学. 北京：国防工业出版社，2007.

［44］林元烈. 应用随机过程. 北京：清华大学出版社，2002.

［45］刘次华. 随机过程. 武汉：华中科技大学出版社，2001.

［46］地炮甲弹射表编拟方法. 北京：总装备部军标出版发行部，2015.

［47］地炮榴弹射表编拟方法. 北京：总装备部军标出版发行部，2012.

［48］野战火箭射表编拟方法. 北京：总装备部军标出版发行部，2012.

［49］ADCOCK C J. A Bayesian approach to calculating sample sizes for multinomial sampling. The Satistician，1988(36)：155 - 159.

［50］ADCOCK C J. An improved Bayesian procedure for calculatijg sample sizesin multinomial sampling. The Statistician，1993(42)：91 - 95.

［51］ANDERSON T W, DARLING D A. A test of goodness of fit. Journal of the American Statistical Association，1954(49)：765 - 769.

［52］ARJAS E, LIU L. Assessing the losses caused by an industrial interfention：a hierarachical Bayesian approach. Applied Statistics，1995(44)：357 - 368.

［53］ARJAS E, GASBARRA D. Nonparametric Bayesian inference fromright censored srvival data，using the Gibbs sampler. Statistical Sinica，1994(4)：505 - 524.

［54］ARMERO C, BAYARRI M J. Prior assessments for prediction in queues. The Statistician，1994(43)：139 - 153.